普通高等教育"十三五"规划教材

起重机械

朱绘丽　安林超　主编
李长胜　主审

化学工业出版社
·北京·

本书内容主要讲述了起重机的工作原理、设计方法和起重机的安装。具体内容包括：起重机械概论、卷绕装置、取物装置、制动装置、车轮与轨道、驱动与传动装置、起升机构、运行机构、变幅机构、回转机构、桥式类型起重机、轮式起重机、门座起重机、起重机的安全装置、起重机的安装等。

本书可作为高等院校起重专业或相关专业的教学用书，也可供相关工程技术人员参考使用。

图书在版编目（CIP）数据

起重机械/朱绘丽，安林超主编. —北京：化学工业
出版社，2017.8（2025.2重印）
普通高等教育"十三五"规划教材
ISBN 978-7-122-29851-5

Ⅰ.①起… Ⅱ.①朱…②安… Ⅲ.①起重机械-高
等学校-教材 Ⅳ.①TH21

中国版本图书馆 CIP 数据核字（2017）第 124598 号

责任编辑：高　钰　　　　　　　　　　　　文字编辑：陈　喆
责任校对：吴　静　　　　　　　　　　　　装帧设计：刘丽华

出版发行：化学工业出版社（北京市东城区青年湖南街 13 号　邮政编码 100011）
印　　装：北京科印技术咨询服务有限公司数码印刷分部
787mm×1092mm　1/16　印张 12¾　字数 312 千字　2025 年 2 月北京第 1 版第 5 次印刷

购书咨询：010-64518888　　　　　　　售后服务：010-64518899
网　　址：http://www.cip.com.cn
凡购买本书，如有缺损质量问题，本社销售中心负责调换。

定　　价：35.00 元　　　　　　　　　　　　　　　　版权所有　违者必究

前　言

为了满足近年来工程机械行业发展的需要，根据高等院校机械工程类专业起重机械课程教学大纲的要求，结合多年的专业教学经验和教学改革成果，我们编写了本书。

全书共分十五章，第一章介绍起重机械的组成、分类和发展以及起重机械的基本参数和设计理论；第二到六章讲述起重机专用零部件的功能、构造、工作原理、设计理论和计算方法；第七到十章介绍起重机的基本机构，对其功能、工作原理和设计计算方法进行了详细的介绍；第十一到十三章介绍了典型起重机的用途、分类、构造和主要机构特点，主要包括桥式类型起重机、轮式起重机和门座起重机。第十四章介绍起重机作为特种设备所涉及到的安全装置；第十五章介绍起重机安装的种类、方法和基本过程。

本书对起重机主要零部件的结构、工作原理、设计方法进行较为系统而深入的叙述。在叙述过程中，为使读者对起重机设计有一个更为全面的认识，增加了对起重机专用部件的介绍，包括电机、减速器、联轴器等驱动和传动装置；另外，在介绍起重机的机械部分设计的同时，对相关联的金属结构也进行了必要的论述，突破了单纯的机械机构设计范畴，提升了学习者对起重机整机的系统认识。此外，本书对起重机的安装也作为重点进行了较为系统的介绍，使本书的应用性得到了很大的提高。

本书由朱绘丽、安林超担任主编，杨用增、张野担任副主编。编写分工如下：朱绘丽编写第一、四、七章、安林超编写第二、三、五章、郑立爽编写第六章、千红涛编写第八章、张野编写第九、十章、崔鹏编写第十一章、杨用增编写第十二、十三、十五章、李翔编写第十四章。全书由李长胜教授担任主审。

本书在编写时参阅了有关院校、企业、科研院所的一些资料和文献，并得到了许多同行、专家教授的支持和帮助，特别是河南省特种设备检验研究院的尹献德高级工程师提出了宝贵的意见，在此一并表示衷心的感谢。

由于编者水平有限，书中难免有不足之处，敬请广大读者批评指正。

编　者
2017 年 2 月

目 录

第一章

起重机械概论

第一节　起重机械的特点和分类

一、起重机械的用途和特点

起重机械是一种能在一定范围内完成物料升降和运移的机械，它是现代工业中实现生产过程机械化、自动化，提高劳动生产率的重要的物料搬运设备，广泛应用于工厂、矿山、港口、车站、建筑工地、电站等生产领域。由于起重机械在物料搬运过程中涉及生命安全、具有较大危险性，因此起重机械属特种设备，国家对起重机械的生产、使用、检验检测等环节实行监督。

起重机械的工作过程具有周期循环、间歇动作的特点。一个工作循环一般包括上料、运送、卸料及空车复位四个阶段，在两个工作循环之间有短暂的停歇。起重机械工作时，各机构经常处于启动、制动或正向、反向等交替运动的状态。

二、起重机械的组成和分类

从整体功能上看，一般情况下，起重机可以看作是由机械部分、金属结构部分和电气控制三大部分组成的。机械部分主要实现起升、运行、回转和变幅等动作，分别由相应的起升机构、运行机构、回转机构和变幅机构来实现；金属结构部分是起重机械的躯干，具有支撑零部件的作用；电气控制部分的作用是对机构的动作进行驱动和控制。

起重机按照用途可分为通用起重机、建筑起重机、冶金起重机、铁路起重机、造船起重机、甲板起重机等；按运动形式可分为旋转式起重机和非旋转式起重机、固定式起重机和运行式起重机，运行式起重机又分为轨行式起重机和无轨式起重机；按照构造特征主要分为轻小型起重机械、桥架型起重机和臂架型起重机，如图1-1所示。图1-2是各种起重机械的结构示意图。

三、起重机械的发展趋势

物料的搬运成为人类生产活动中重要的组成部分，已有5000多年的发展历史了。随着生产规模的扩大、自动化程度的提高，作为物料搬运的重要设备——起重机械在现代化生产过程中应用越来越广泛,作用越来越大,因此对起重机械的要求也越来越高。起重机械正在经历着一场巨大的变革。目前,起重机械正处于市场高速发展期,具有较大的市场发展潜力。而随着现代化建设进程越来越快,对起重机械的要求也越来越高,使起重机械向着大型化、自动化、专业化等方向发展。

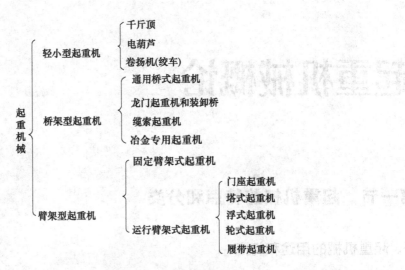

图 1-1　起重机械按照构造特征分类

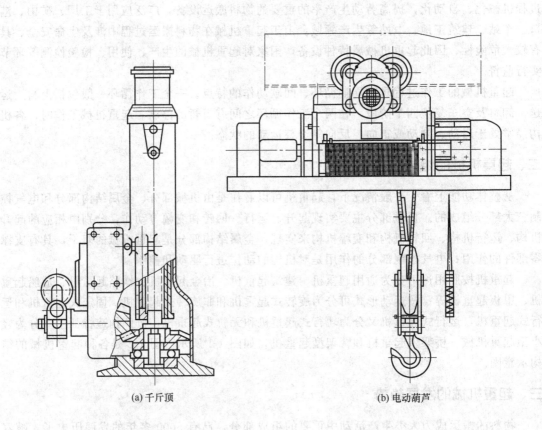

(a) 千斤顶　　　　　　　　　　　　　(b) 电动葫芦

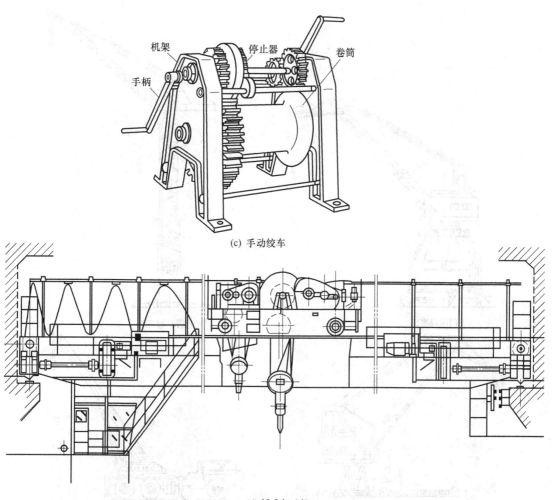

(c) 手动绞车

(d) 桥式起重机

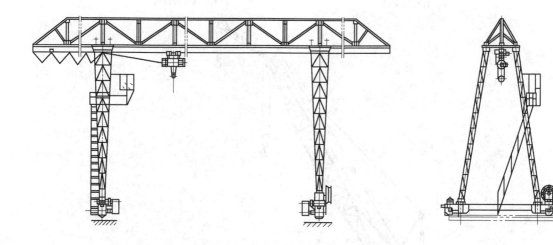

(e) 门式起重机

图 1-2

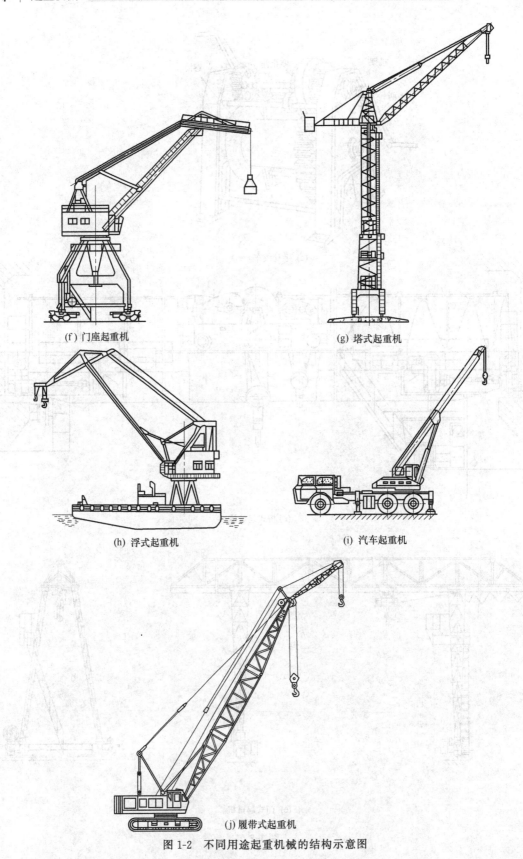

(f) 门座起重机

(g) 塔式起重机

(h) 浮式起重机

(i) 汽车起重机

(j) 履带式起重机

图 1-2　不同用途起重机械的结构示意图

1. 重点产品大型化、高速化和专用化

由于工业生产规模不断扩大，生产效率日益提高，以及产品生产过程中的物料装卸搬运费用所占比例逐渐增加，因此促使大型或高速起重机的需求量不断增长，起重量越来越大，工作速度越来越快，并对能耗和可靠性提出更高的要求。起重机已成为自动化生产流程中的重要环节。起重机不但要容易操作、容易维护，而且安全性要好、可靠性要高，要求具有优异的耐久性、无故障性、维修性和使用经济性。目前世界上最大的履带起重机起重量是4000t，最大的桥式起重机起重量是1200t，岸边集装箱装卸桥小车的最大运行速度已达350m/min，堆垛起重机的最大运行速度达240m/min，垃圾处理用起重机的起升速度达100m/min。工业生产方式和用户需求的多样性，使专用起重机的市场不断扩大，品种也不断更新，以特有的功能满足特殊的需要，发挥出最佳的效用。例如冶金、核电、造纸、垃圾处理专用起重机和防爆、防腐、绝缘起重机以及铁路、船舶、集装箱专用起重机的功能不断增加，性能不断提高，适应性比以往更强。

2. 系列产品模块化、组合化和标准化

用模块化设计代替传统的整机设计方法，将起重机上功能基本相同的构件、部件和零件制成有多种用途的结构。有相同连接要素和可互换的标准模块，通过不同模块的相互组合，形成不同类型和规格的起重机。对起重机进行改进时，只需针对某几个模块进行。单件小批量生产的起重机可采用具有相当批量的模块生产，实现高效率的专业化生产，企业的生产组织也可由产品管理变为模块管理，降低制造成本，提高通用化程度，用较少规格数的零部件组成多品种、多规格的系列产品，充分满足用户需求。目前，德国、英国、法国、美国和日本的著名起重机公司都已采用起重机模块化设计，并取得了显著的效益。德国德马格公司的标准起重机系列改用模块化设计后，设计费用比单件设计下降12%，生产成本下降45%，经济效益十分可观。

3. 通用产品小型化、轻型化和多样化

有相当批量的起重机是在通用的场合使用的，工作并不很繁重。这类起重机批量大、用途广，考虑综合效益，要求起重机尽量降低外形高度，简化结构，减小自重和轮压，因此电动葫芦桥式起重机和梁式起重机会有更快的发展，并将大部分取代中小吨位的一般用途桥式起重机。日本的小松公司推出"迷你"型起重机，这些微型起重机将公路行驶能力和专用伸缩臂架技术合为一体，具有塔式起重机的功能，可以越过屋顶和其他障碍物作业。德国的利勃海尔公司推出LTM1090/2（90t）和LTM1160/2（160t）型AT产品，采用了装有Telematik单缸自动伸缩系统的卵圆形截面主臂，其在减轻结构重量和提高起重性能方面具有良好效果。

4. 产品性能自动化、智能化和数字化

起重机的更新和发展，在很大程度上取决于电气传动与控制的改进。将机械技术和电子技术相结合，将先进的计算机技术、微电子技术、电力电子技术、光缆技术、液压技术、模糊控制技术应用到机械的驱动和控制系统，以实现起重机的自动化和智能化。大型高效起重机新一代电气控制装置已发展为全电子数字化控制系统，主要由全数字化控制驱动装置、可编程序控制器、故障诊断及数据管理系统、数字化操纵给定检测设备等组成。变压变频调速、射频数据通信、故障自诊监控、吊具防摇的模糊控制、激光查找起吊物重心、近场感应防碰撞技术、现场总线、载波通信及控制、无接触供电及三维条形码技术等将广泛得到应用。使起重机具有更高的柔性，以适应多批次少批量的柔性生产模式，提高单机综合自动化

水平。重点开发以微处理机为核心的高性能电气传动装置，使起重机具有优良的调速和静动特性，可进行操作的自动控制、自动显示与记录，起重机运行的自动保护与自动检测，特殊场合的远距离遥控等，以适应自动化生产的需要。

另外，行业细分市场端倪已经初现，精细化是企业未来发展的重点方向。因此，针对不同领域的客户提供专业化的产品，在最大程度上满足其特殊需求已经成为大多数品牌企业下一步发展的重点内容。

第二节　起重机主要技术参数

起重机的技术参数表征起重机的作业能力，是设计起重机的基本依据。起重机的主要技术参数有：起重量、起重力矩、起升高度、跨度、幅度和机构工作速度等。

一、起重量 Q

起重机正常工作时允许一次吊起的重物或物料连同可分吊具质量的总和称为额定起重量，简称起重量，常用 Q 表示，单位为吨（t）或千克（kg）。在计算时，对于吊重产生的载荷，称为起升载荷，单位为千牛（kN）或牛（N），常用 P_Q 表示，$P_Q = Qg \approx 10Q$。

起重量一般不包括吊钩或吊环的重量，但应包括抓斗、电磁铁、夹钳、盛钢桶之类吊具的重量。额定起重量系列的标准见表1-1，该标准适用于所有类型的起重机。

表 1-1　额定起重量系列的标准　　　　　　　　　　　t

0.1	0.125	0.16	0.2	0.25	0.32	0.4	0.5	0.63	0.8
1	1.25	1.6	2	2.5	3.2	4	5	6.3	8
10	(11.2)	12.5	(14)	16	(18)	20	(22.5)	25	(28)
32	(36)	40	(45)	50	(56)	63	(71)	80	(90)
100	(112)	125	(140)	160	(180)	200	(225)	250	(280)
320	(360)	400	(450)	500	(560)	630	(710)	800	(900)
1000									

二、起升高度 H

起升高度（H）是指从地面或轨道顶面至取物装置最高起升位置的铅垂距离（吊钩取钩环中心，抓斗、其他容器和起重电磁铁取其最低点），见图1-3。

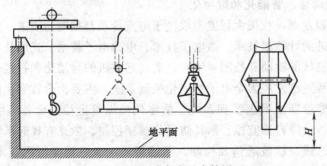

图 1-3　起升高度示意简图

如果取物装置能下落到地面或轨面以下，则将从地面或轨面至取物装置最低下方位置间的铅垂距离称为下放深度。此时，总起升高度为轨面以上的起升高度和轨面以下的下放深度之和。电动桥式起重机起升高度可参考表 1-2。

表 1-2 3～250t 电动桥式起重机起升高度系列 H

起重量 Q/t(主钩)		3～50		80		100		125		160		200		250	
起升高度 H/m	主钩	12	16	20	30	20	30	20	30	24	30	19	30	16	30
	副钩	14	18	22	32	22	32	22	32	26	32	21	32	18	32

三、跨度 L 和轨距 l

桥式类型起重机大车运行轨道中心线之间的水平距离称为跨度（L），见图 1-4；小车运行轨道和轨行式臂架起重机运行轨道中心线之间的水平距离称为轨距（l）。桥式起重机的跨度小于厂房跨度，表 1-3 所示为桥式起重机跨度系列，表中所示起重量在 50t 以下的起重机每种厂房跨度对应有两种起重机跨度值，当吊车梁上需要留有安全通道时选用小值。

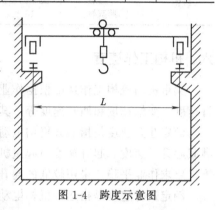

图 1-4 跨度示意图

表 1-3 桥式起重机跨度系列　　　　　　m

厂房跨度		9	12	15	18	21	24	27	30	33	36
起重机跨度 L	起重量 Q=3～50t	7.5	10.5	13.5	16.5	19.5	22.5	25.5	28.5	31.5	—
		7	10	13	16	19	22	25	28	31	—
	起重量 Q=80～250t	—	—	—	16	19	22	25	28	31	34

四、幅度 R

旋转臂架式起重机处于水平位置时，回转中心线与取物装置中心铅垂线之间的水平距离称为幅度（R），见图 1-5。对于非旋转式起重机，从取物装置中心线到臂架后轴的水平距离，或到其他典型轴线的距离，称为幅度。表 1-4 所示为港口门座起重机的幅度 R、起升高度 H 和轨距 l。

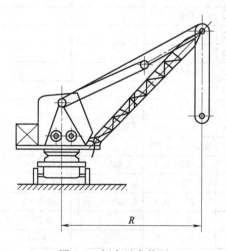

图 1-5 幅度示意简图

五、起重力矩 M

起重力矩是臂架类型起重机的主要技术参数之一，它等于额定起重量（Q）和与其相应的工作幅度（R）的乘积，即 $M=QR$，一般用 t·m 为单位。起重力矩比起重量更能全面说明臂架类型起重机的工作能力。额定起重量随幅度而变的臂架类型起重机在一般情况下，其最大起重力矩由最大起重量和与其对应的工作幅度决定。

表 1-4　港口门座起重机的幅度 R、起升高度 H 和轨距 l　　　　　m

起重量 Q/t		3	5		10		16	25
工作幅度 R	最大	25	25	30	25	30		30
	最小	7	8	9	8	9		9
起升高度 H	轨面上	22	22	25	22	28	28	
	轨面下				15			
轨距 l	跨单轨	22			—			
	跨双轨	18	20	23	22(18)	23	24	25

六、机构工作速度

起重机的机构工作速度根据作业要求而定。起重机的机构工作速度主要有起升速度、运行速度、变幅速度和回转速度等，其范围参见表 1-5。

额定起升速度是指起升机构电动机在额定转速条件下或油泵输出额定流量时，取物装置满载起升的速度。起升速度与起重机的用途、起重量大小和起升高度等有关。大起重量的起重机要求作业平稳，采用较低的起升速度。

额定运行速度是指运行机构电动机在额定转速条件下或油泵输出额定流量时，起重机或小车的运行速度。

额定变幅速度是指变幅机构电动机在额定转速条件下或油泵输出额定流量时，取物装置从最大幅度到最小幅度的平均线速度（单位为 m/s），也可用从最大幅度到最小幅度所需的变幅时间（单位为 s）表示。

额定回转速度是指回转机构电动机在额定转速条件下或油泵输出额定流量时，取物装置满载，并在最小幅度时起重机安全旋转的速度。

表 1-5　起重机工作机构速度范围

起重机类型		起升速度/(m/s)		运行速度/(m/s)		变幅速度 /(m/s)	回转速度 /(r/min)
		主起升	副起升	小车	起重机		
通用吊钩桥式起重机	A1,A2	0.016~0.05	0.133~0.166	0.166~0.332	0.5~0.667		
	A3,A4	0.033~0.2	0.133~0.332	0.332~0.667	0.667~1.5		
	A5,A6	0.133~0.332	0.3~0.332	0.667~0.833	1.167~2		
电磁桥式起重机		0.3~0.332	0.332~0.416	0.667~0.833	1.667~2		
抓斗桥式起重机		0.667~0.833		0.667~0.833	1.667~2		
通用门式起重机		0.133~0.332	0.332	0.332~0.833	0.667~1		
电站门式起重机		0.016~0.083	0.166~0.332	0.033~0.133	0.25~0.416[①]		
造船门式起重机		0.033~0.25[①]		0.25~0.5[①]	0.416~0.75[①]		
抓斗装卸桥		1~1.167		1.167~5.83	0.25~0.667		
岸边集装箱起重机		0.416~0.667[①]		1.333~2	0.583~0.833		
港口门座起重机		0.667~1.333			0.332~0.5	0.667~1.5	1.5~2
造船门座起重机		0.05~0.332	0.332~0.5		0.25~0.5	0.133~0.583	0.2~0.6
电站门座起重机		0.25~0.332	0.332~0.833		0.332~0.5	0.133~0.583	0.5~1
建筑塔式起重机		0.166~0.5			0.25~0.5		0.2~1
高层建筑塔式起重机		0.833~1.667			0.25~0.5		0.4~1.5

① 若有微动装置，微动速度一般为 0.0016~0.0083m/s。

第三节 起重机工作级别

在设计起重机时，工作环境、负载情况、工作频繁程度等实际工况对起重机的设计有着重要的影响。为此，应对起重机及其组成机构进行工作级别的划分。起重机械的工作级别是一项非常重要的技术参数，它包括起重机整机的工作级别和机构的工作级别。

一、起重机整机的工作级别

起重机整机的工作级别是由起重机的使用等级（也称利用等级）和起重机的起升载荷状态级别（也称载荷状态）共同决定的。

1. 起重机的使用等级

起重机的使用等级，就是要求起重机在其使用寿命期间具有一定的循环次数，根据起重机可能完成的总工作循环次数，将其划分成从 U_0、U_1、…、U_9 共 10 个等级，见表 1-6。

表 1-6 起重机的使用等级

使用等级	起重机总工作循环数 C_T	起重机使用频繁程度
U_0	$C_T \leqslant 1.60 \times 10^4$	
U_1	$1.60 \times 10^4 < C_T \leqslant 3.20 \times 10^4$	
U_2	$3.20 \times 10^4 < C_T \leqslant 6.30 \times 10^4$	很少使用
U_3	$6.30 \times 10^4 < C_T \leqslant 1.25 \times 10^5$	
U_4	$1.25 \times 10^5 < C_T \leqslant 2.50 \times 10^5$	不频繁使用
U_5	$2.50 \times 10^5 < C_T \leqslant 5.00 \times 10^5$	中等频繁使用
U_6	$5.00 \times 10^5 < C_T \leqslant 1.00 \times 10^6$	较频繁使用
U_7	$1.00 \times 10^6 < C_T \leqslant 2.00 \times 10^6$	频繁使用
U_8	$2.00 \times 10^6 < C_T \leqslant 4.00 \times 10^6$	特别频繁使用
U_9	$4.00 \times 10^6 < C_T$	

2. 起重机的起升载荷状态级别

起重机的起升载荷状态级别是指在该起重机的设计预期寿命期限内，它的各个有代表性的起升载荷值的大小及各相对应的起吊次数，与起重机的额定起升载荷值的大小及总的起吊次数的比值情况，这个比值称为载荷谱系数 K_P。表 1-7 中列出了起重机载荷谱系数 K_P 的 4 个范围值，并用 Q_1、Q_2、Q_3 和 Q_4 分别代表相对应的载荷状态级别。

表 1-7 起重机的载荷状态级别及载荷谱系数

载荷状态级别	起重机的载荷谱系数 K_P	说明
Q_1	$K_P \leqslant 0.125$	很少吊运额定载荷,经常吊运较轻载荷
Q_2	$0.125 < K_P \leqslant 0.250$	较少吊运额定载荷,经常吊运中等载荷
Q_3	$0.250 < K_P \leqslant 0.500$	有时吊运额定载荷,较多吊运较重载荷
Q_4	$0.500 < K_P \leqslant 1.000$	经常吊运额定载荷

如果已知起重机各个起升载荷值的大小及相对应的起吊次数的资料，则可用式（1-1）算出该起重机的载荷谱系数，进而确定起重机的起升载荷状态级别：

$$K_P = \sum \left[\frac{C_i}{C_T} \left(\frac{P_{Qi}}{P_{Qmax}} \right)^m \right] \tag{1-1}$$

式中　K_P——起重机的载荷谱系数；

　　　C_i——与起重机各个有代表性的起升载荷相应的工作循环数，$C_i = C_1, C_2, C_3, \cdots, C_n$；

　　　C_T——起重机总工作循环数，$C_T = \sum\limits_{i=1}^{n} C_i = C_1 + C_2 + C_3 + \cdots + C_n$；

　　　P_{Qi}——能表征起重机在预期寿命期内工作任务的各个有代表性的起升载荷，$P_{Qi} = P_{Q1}, P_{Q2}, P_{Q3}, \cdots, P_{Qn}$；

　　P_{Qmax}——起重机的额定起升载荷；

　　　m——幂指数，为了便于级别的划分，约定取 $m = 3$。

3. 起重机整机的工作级别

根据起重机的 10 个使用等级和 4 个起升载荷状态级别，将起重机整机的工作级别划分为 A1～A8 共 8 个级别，见表 1-8。

表 1-8　起重机整机的工作级别

载荷状态级别	起重机的载荷谱系数 K_P	起重机的使用等级									
		U_0	U_1	U_2	U_3	U_4	U_5	U_6	U_7	U_8	U_9
Q_1	$K_P \leqslant 0.125$	A1	A1	A1	A2	A3	A4	A5	A6	A7	A8
Q_2	$0.125 < K_P \leqslant 0.250$	A1	A1	A2	A3	A4	A5	A6	A7	A8	A8
Q_3	$0.250 < K_P \leqslant 0.500$	A1	A2	A3	A4	A5	A6	A7	A8	A8	A8
Q_4	$0.500 < K_P \leqslant 1.000$	A2	A3	A4	A5	A6	A7	A8	A8	A8	A8

二、机构的工作级别

机构的工作级别是设计起重机机构的基础。在选择电动机、制动器、钢丝绳、吊钩等重要零部件，决定零件的强度，确定零件的计算载荷和进行疲劳计算时，都应考虑机构的工作级别。机构的工作级别是由机构的使用等级和载荷状态级别共同决定的。

1. 机构的使用等级

机构的使用等级表征机构工作的繁忙程度，是把机构按总设计寿命分成了 $T_0 \sim T_9$ 共 10 级，见表 1-9。

表 1-9　机构的使用等级

利用等级	总使用时间[1]/h	平均每天运转小时数[2]	说　　明
T_0	200		
T_1	400		不经常使用
T_2	800		
T_3	1600		
T_4	3200	0.64	
T_5	6300	1.28	经常使用
T_6	12500	2.56	
T_7	25000	5.12	
T_8	50000	10.24	繁忙使用
T_9	100000	20.48	

[1] 按每周双休日、工作级别 A7 的桥式起重机，报废年限按 20 年考虑，所列数据仅供参考。

[2] 利用等级 $T_0 \sim T_3$ 属不经常使用，故不推算每天平均运转小时。

2. 机构的载荷状态级别

机构的载荷状态级别表明机构受载的轻重程度，用载荷谱系数 K_m 表示，表1-10（摘自 GB/T 3811—2008）中列出了起重机载荷谱系数 K_m 的4个范围值（K_m 的相关计算详见《起重机设计手册》），并用 L1、L2、L3 和 L4 分别代表相对应的载荷状态级别。

表1-10　机构的载荷状态级别及载荷谱系数

载荷状态级别	机构载荷谱系数 K_m	说　明
L1	$K_m \leqslant 0.125$	机构很少承受最大载荷，一般承受较小载荷
L2	$0.125 < K_m \leqslant 0.25$	机构较少承受最大载荷，一般承受中等载荷
L3	$0.25 < K_m \leqslant 0.500$	机构有时承受最大载荷，一般承受较大载荷
L4	$0.500 < K_m \leqslant 1.000$	机构经常承受最大载荷

3. 机构的工作级别

机构的工作级别根据机构的10个使用等级和4个载荷状态分为 M1～M8 共8级，见表1-11。

表1-11　机构的工作级别

载荷状态级别	机构载荷谱系数 K_m	机构的使用等级									
		T_0	T_1	T_2	T_3	T_4	T_5	T_6	T_7	T_8	T_9
L1	$K_m \leqslant 0.125$	M1	M1	M1	M2	M3	M4	M5	M6	M7	M8
L2	$0.125 < K_m \leqslant 0.250$	M1	M1	M2	M3	M4	M5	M6	M7	M8	M8
L3	$0.250 < K_m \leqslant 0.500$	M1	M2	M3	M4	M5	M6	M7	M8	M8	M8
L4	$0.500 < K_m \leqslant 1.000$	M2	M3	M4	M5	M6	M7	M8	M8	M8	M8

为了便于参考，现将部分桥式和门式起重机按工作条件划分整机和机构的工作级别，见表1-12。

表1-12　桥式和门式起重机按工作条件整机及机构工作级别划分指南

起重机用途	工作条件	整机的工作级别	机构的工作级别		
			起升	小车运行	大车运行
人力驱动起重机		A1	M1	M1	M1
车间装配用起重机		A1	M2	M1	M2
电站用起重机		A1	M2	M1	M3
维修用起重机		A1	M3	M2	M2
车间起重机	经常轻负荷使用	A2	M3	M2	M3
车间起重机	经常断续使用	A3	M4	M3	M4
车间起重机	繁忙使用	A4	M5	M3	M5
货场用起重机	吊钩式，经常轻负荷使用	A3	M3	M2	M4
货场用起重机	抓斗或电磁铁式，繁忙使用	A6	M6	M6	M6
废料场起重机	吊钩式，经常轻负荷使用	A3	M3	M2	M4
废料场起重机	抓斗或电磁铁式，经常断续使用	A6	M6	M6	M6
卸船机		A7	M8	M6	M7
集装箱搬运起重机		A5	M6	M6	M6

第四节 起重机计算载荷及其组合

作用在起重机上的外载荷有起升载荷、起重机自重载荷、不稳定运动时的动载荷、风载荷、坡度载荷、通过不平的轨道接头时的冲击载荷、车轮侧向载荷、碰撞载荷、安装和运输载荷以及某些工艺载荷等。

由于起重机的外载荷种类很多而且变化不定，因此在进行设计计算时，只能选择与起重机零部件或结构破坏形式有关的、具有典型性的载荷作为依据，这种载荷通常称为计算载荷。

在起重机设计计算方法中，对于起重机的零部件或结构有以下三类计算：疲劳、磨损或发热的计算，强度计算和强度验算。与之对应的起重机计算载荷有下列三种组合。

一、Ⅰ类载荷（正常工作情况下的工作载荷）

这类载荷是指起重机在正常工作条件下承受的载荷，是由起重机自重、等效起重量、重物正常偏摆的水平载荷、平稳启制动引起的动载荷等组合而成的。它是用来计算传动零件和重级、特重级起重机的金属结构件的疲劳、磨损和发热等的一种计算载荷，又称为寿命计算载荷。

在起重机零部件计算中，传动心轴、车轮、承受弯曲载荷的转轴等需要进行Ⅰ类载荷计算。

二、Ⅱ类载荷（工作状态下的最大载荷组合）

这类载荷是指起重机在使用期内工作时可能出现的最大载荷，又叫强度计算载荷。它是由起重机自重、最大额定起重量、急剧的启制动引起的动力载荷、工作状态下最大风压力及重物最大偏摆引起的水平载荷等组合而成的。

这类载荷用来计算零部件的强度、起重机的整体稳定性，校核电动机过载能力和制动器的制动力矩。一般来说，对起重机的所有受力零部件都要用Ⅱ类载荷进行强度计算。

三、Ⅲ类载荷（非工作状态下的最大载荷）

这类载荷是指起重机在非工作状态时可能出现的最大载荷，又叫验算载荷。它是由非工作状态下起重机所承受的自重、非工作状态最大风压力及路面坡度引起的载荷。

这类载荷用来验算起重机的固定设备如夹轨器、变幅机构、支撑旋转装置的某些零件和金属结构的强度以及起重机不工作时的整体稳定性。

思 考 题

1. 起重机械的基本参数有哪些？其中哪些参数有国家标准？
2. 起重机械工作级别的意义是什么？工作级别的划分依据是什么？
3. 起重机械三类计算载荷的意义是什么？它们各自的应用场合是怎样的？
4. 通过多种渠道了解起重行业的发展现状，思考起重行业的发展趋势有哪些。

第 二 章

卷绕装置

起重机的卷绕装置是起升机构的组成部分，是直接承担重物升降运动的装置，主要由钢丝绳、滑轮组和卷筒组成。

第一节　钢丝绳[1]

一、钢丝绳的用途及构造

钢丝绳是一种工程中常用的挠性构件。它具有强度高、自重轻、运行平稳、极少骤然断裂的优点。在起重机领域，钢丝绳一般可用作起升绳及牵引绳，在缆索起重机和架空索道中可作为承载绳，也在桅杆式起重机中用作张紧绳。

起重用的钢丝绳需要很高的强度和韧性。钢丝绳的制造需要先将优质碳素钢经多次冷拔和热处理，使 $\phi6mm$ 的圆钢成为直径缩减到 $\phi0.4 \sim 3mm$、强度增大到 $1400 \sim 2000MPa$ 的优质钢丝。在此基础上将钢丝捻绕成股，将若干股围绕绳芯从而制成钢丝绳（图 2-1）。

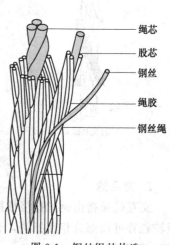

绳芯
股芯
钢丝
绳胶
钢丝绳

图 2-1　钢丝绳的构造

二、钢丝绳的种类

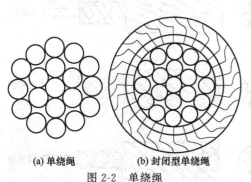

(a) 单绕绳　　(b) 封闭型单绕绳

图 2-2　单绕绳

（一）捻绕次数

根据捻绕次数的不同，钢丝绳主要分为单绕绳和双绕绳。

1. 单绕绳

单绕绳由钢丝一次捻绕成绳，见图 2-2 (a)。这种钢丝绳刚性大，适于做起重机的张紧绳。对于架空索道的承载绳，为使钢丝绳表面光滑耐磨且承载能力大，则需要采用封闭型单绕钢丝绳，见图 2-2 (b)。

---

[1] 本节内容设计标准主要参照 GB 8918—2006《重要用途钢丝绳》。

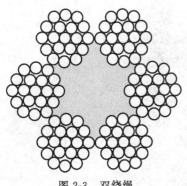

图 2-3 双绕绳

2. 双绕绳

双绕绳先由钢丝捻制成股，再将股捻制成绳。双绕绳的挠性较好，起重机中主要使用这种绳作为起升绳（图 2-3）。

（二）捻绕方向

捻绕方向是指由丝捻绕成股或由股捻绕成绳的螺旋线方向。标准规定，股在绳中（或丝在股中）捻制的螺旋线方向自左向上向右则为右捻向（或用字母 Z 表示）；股在绳中（或丝在股中）捻制的螺旋线方向自右向上向左则为左捻向（或用字母 S 表示），如图 2-4 所示。

1. 同向捻

同向捻是指由钢丝捻绕成股和由股捻绕成绳的方向相同。同向捻钢丝绳的挠性好、寿命长，但强烈的扭转趋势会使绳易松散，主要适用于保持张紧状态的场合，如用作牵引绳或张紧绳。

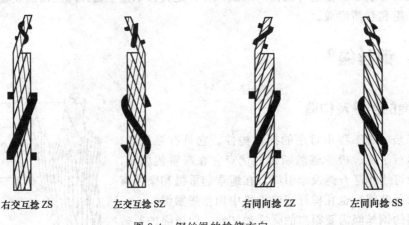

右交互捻 ZS   左交互捻 SZ   右同向捻 ZZ   左同向捻 SS

图 2-4 钢丝绳的捻绕方向

2. 交互捻

交互捻是指由钢丝捻绕成股和由股捻绕成绳的方向相反。交互捻的钢丝绳，其股与绳的扭转趋势可以部分相互抵消，起吊重物时不易扭转和松散，被广泛用作起升绳。

（三）股的构造

根据股的构造不同将钢丝绳分为以下三种（图 2-5）。

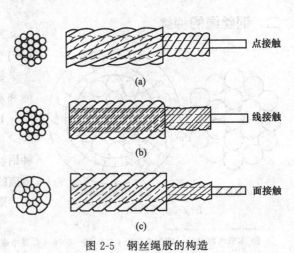

1. 点接触钢丝绳

点接触钢丝绳的绳股中各层钢丝绳直径相同，股中相邻钢丝的节距不等，因而相互交叉形成点接触，接触处的点接触应力较高，钢丝绳寿命短，现已被线接触钢丝绳代替。

2. 线接触钢丝绳

线接触钢丝绳的绳股由不同直径的钢丝绕制而成，外层钢丝位于内层钢丝之间的沟槽内，内、外层钢丝间形成线接触。其优点

图 2-5 钢丝绳股的构造

是耐腐蚀、寿命长且承载能力强。在起重机中，凡是绕过滑轮和绕入卷筒的钢丝绳都应选用线接触钢丝绳。线接触钢丝绳根据绳股构成原理的不同，分为三种常用形式（图2-6）：西鲁型（又称外粗型），代号为S，平行捻且每股的两层钢丝数相同；瓦林吞型（又称粗细型），代号为W，平行捻、外层钢丝粗细交替且数量为内层钢丝的两倍；填充型，代号为T，在内、外层钢丝之间填充有细钢丝（称为填充丝），以此来提高钢丝绳的金属充满率。瓦林吞型钢丝绳较柔软，但耐磨性不及西鲁型钢丝绳。

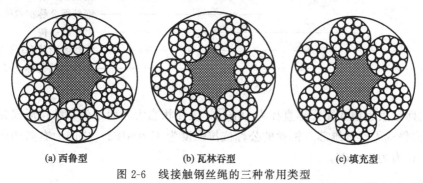

(a) 西鲁型　　　　　(b) 瓦林吞型　　　　　(c) 填充型

图2-6　线接触钢丝绳的三种常用类型

3. 面接触钢丝绳

面接触钢丝绳股内钢丝形状特殊，呈面接触。它的优点与线接触钢丝绳相同，但制造工艺复杂。

（四）绳芯

很多情况下，在钢丝绳的中心或每一股的中央布置绳芯，用来增加钢丝绳的挠性和弹性。另外，也常通过在绳芯中浸入润滑油来减小钢丝之间的摩擦。绳芯的材料主要有以下几种：

1. 有机芯

通常用浸透润滑油的剑麻制成，小直径钢丝绳采用棉芯，均属天然纤维芯。不能承受横向压力，易燃。代号为NF。

2. 石棉芯

采用天然石棉绳制成，性能与有机芯相似，但耐高温。亦属天然纤维芯。代号同有机芯为NF。

3. 金属芯

采用软钢丝制成，可耐高温并能承受较大的挤压应力，挠性较差。代号为IWR。

4. 合成纤维芯

采用高分子材料如聚乙烯、聚丙烯纤维制成，强度高。代号为SF。

当绳芯为纤维芯且对天然或合成不做区别时，代号为FC。

（五）钢丝绳表面处理

钢丝绳表面主要有光面和镀锌两种。镀锌钢丝绳具有防腐蚀作用，多用于露天、潮湿或具有腐蚀介质的工作场所，用ZA标记。而光面钢丝绳一般用在室内工作场所，用NAT标记。

（六）钢丝绳的标记

钢丝绳全称标记示例见图2-7。

简化标记示例：18NAT6×19S＋NF1770ZZ190 GB/T 8918。

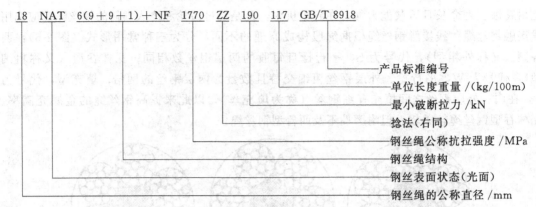

图 2-7   钢丝绳全称标记

该简化标记表示钢丝绳公称直径为 18mm，表面状态为光面钢丝，结构形式为 6 股、每股 19 丝，西鲁式天然纤维芯，钢丝的公称抗拉强度为 1770MPa，捻向为右向同向捻，钢丝绳最小破断拉力为 190kN。

三、钢丝绳的选用

钢丝绳在起重时主要承受拉应力，而当运动的钢丝绳在绕过滑轮或卷筒时，还需要承受挤压和弯曲应力，且钢丝绳的内部结构复杂，使得工作中的钢丝绳受力情况非常复杂。

钢丝绳的选用包括钢丝绳结构形式的选择和钢丝绳直径的确定。

1. 钢丝绳结构形式的选择

根据钢丝绳的构造特点，结合起重机的使用要求，参照表 2-1 选择钢丝绳型号。

表 2-1   钢丝绳的使用场合及其结构形式

使用场合				常用型号
起升或变幅用	单层卷绕	吊钩及抓斗起重机	轮绳比 e	<20	6×31S＋FC、6×37S＋FC、6×36W＋FC、6×25Fi＋FC、8×25Fi＋FC
			≥20	6×19S＋FC、6×19W＋FC、8×19S＋FC、8×19W＋FC、6V×21＋FC
		起升高度大的起重机		多股不扭转 18×7＋FC、18×19＋FC
	多层卷绕			6×19W＋IWR
牵引用	无导绕系统（不绕过滑轮）			6×19＋FC 、6×37＋FC
	有导绕系统（绕过滑轮）			与起升绳或变幅绳相同

注：e 为滑轮或卷筒直径与钢丝绳直径之比。

2. 钢丝绳直径的选择

钢丝绳直径的选择多按安全系数法进行计算，计算公式为：

$$F_0 \geqslant n S_{\max}$$

式中 F_0——所选钢丝绳的钢丝破断拉力总和，N；

n——安全系数，参见表 2-2；

$S_{\max}$——钢丝绳最大静拉力，由计算得到，N。

根据 F_0 值以及钢丝绳公称抗拉强度，确定钢丝绳的直径。常用钢丝绳的主要性能见表 2-3、表 2-4。

表 2-2 钢丝绳安全系数 n 和轮绳直径比 e 值

钢丝绳的用途				n	e	
					固定场所使用	流动式起重机
起升和变幅用	手动绞车			4.0	18	16
	钢丝绳手扳葫芦			4.5	—	16
	电梯	客梯或梯上有人的货梯	摩擦起升	12	40	—
			卷绕起升	9		—
		梯上无人的货梯	摩擦起升	10	30	—
			卷绕起升	8		—
	其他各类起重机械	工作类型	轻级	5.0	20	16
			中级	5.5	25	18
			重级,特重级	6.0	30~35	20~25
	用于牵引载人的缆车的绞车,斜面升船机			6.0	40	—
	小车牵引用(轨道系水平的)			4.0	20	16
抓斗用	双绳抓斗(单电动机集中驱动)			5.0	30~40	20~25
	双绳抓斗(双电动机分别驱动)、单绳抓斗、马达抓斗			6.0	30~40	20~25
	抓斗滑轮				25	18
拉紧用	经常用			3.5	25	18
	临时用			3.0	20	16

表 2-3 钢丝绳结构 6×19 类力学性能

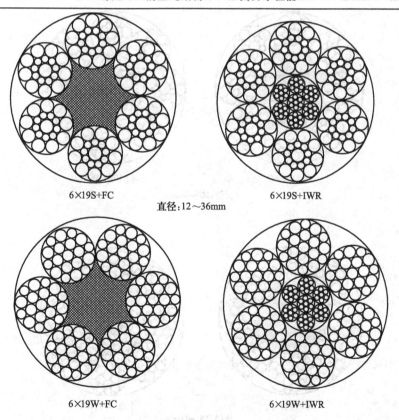

6×19S+FC   6×19S+IWR

直径:12~36mm

6×19W+FC   6×19W+IWR

直径:12~40mm

钢丝绳结构 6×19S+FC   6×19S+IWR   6×19W+FC   6×19W+IWR

续表

钢丝绳公称直径		钢丝绳参考重量 /(kg/100m)			钢丝绳公称抗拉强度/MPa									
					1570		1670		1770		1870		1960	
					钢丝绳最小破断拉力/kN									
D/mm	允许偏差/%	天然纤维芯钢丝绳	合成纤维芯钢丝绳	钢芯钢丝绳	纤维芯钢丝绳	钢芯钢丝绳	纤维芯钢丝绳	钢芯钢丝绳	纤维芯钢丝绳	钢芯钢丝绳	纤维芯钢丝绳	钢芯钢丝绳	纤维芯钢丝绳	钢芯钢丝绳
12		53.1	51.8	58.4	74.6	80.5	79.4	85.6	84.1	90.7	88.9	95.9	93.1	100
13		62.3	60.8	68.5	87.6	94.5	93.1	100	98.7	106	104	113	109	118
14		72.2	70.5	79.5	102	110	108	117	114	124	121	130	127	137
16		94.4	92.1	104	133	143	141	152	150	161	158	170	166	179
18		119	117	131	168	181	179	193	189	204	200	216	210	226
20		147	144	162	207	224	220	238	234	252	247	266	259	279
22		178	174	196	251	271	267	288	283	304	299	322	313	338
24	+5 0	212	207	234	298	322	317	342	336	363	355	383	373	402
26		249	243	274	350	378	373	402	395	426	417	450	437	472
28		289	282	318	406	438	432	466	458	494	484	522	507	547
30		332	324	365	466	503	496	535	526	567	555	599	582	628
32		377	369	415	531	572	564	609	598	645	632	682	662	715
34		426	416	469	599	646	637	687	675	728	713	770	748	807
36		478	466	525	671	724	714	770	757	817	800	863	838	904
38		532	520	585	748	807	796	858	843	910	891	961	934	1010
40		590	576	649	829	894	882	951	935	1010	987	1070	1030	1120

表 2-4　钢丝绳结构 8×19 类力学性能

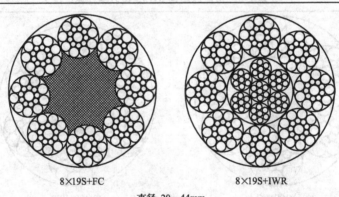

8×19S+FC　　　　　8×19S+IWR

直径:20~44mm

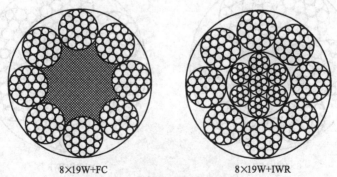

8×19W+FC　　　　　8×19W+IWR

直径:18~48mm

钢丝绳结构:8×19S+FC　8×19S+IWR　8×19W+FC　8×19W+IWR

续表

钢丝绳公称直径		钢丝绳参考重量/(kg/100m)			钢丝绳公称抗拉强度/MPa									
					1570		1670		1770		1870		1960	
					钢丝绳最小破断拉力/kN									
D/mm	允许偏差/%	天然纤维芯钢丝绳	合成纤维芯钢丝绳	钢芯钢丝绳	纤维芯钢丝绳	钢芯钢丝绳	纤维芯钢丝绳	钢芯钢丝绳	纤维芯钢丝绳	钢芯钢丝绳	纤维芯钢丝绳	钢芯钢丝绳	纤维芯钢丝绳	钢芯钢丝绳
18		112	108	137	149	176	159	187	168	198	178	210	186	220
20		139	133	169	184	217	196	231	207	245	219	259	230	271
22		168	162	204	223	263	237	280	251	296	265	313	278	328
24		199	192	243	265	313	282	333	299	353	316	373	331	391
26		234	226	285	311	367	331	391	351	414	370	437	388	458
28		271	262	331	361	426	384	453	407	480	430	507	450	532
30		312	300	380	414	489	440	520	467	551	493	582	517	610
32	+5 0	355	342	432	471	556	501	592	531	627	561	663	588	694
34		400	386	488	532	628	566	668	600	708	633	748	664	784
36		449	432	547	596	704	634	749	672	794	710	839	744	879
38		500	482	609	664	784	707	834	749	884	791	934	829	979
40		554	534	675	736	869	783	925	830	980	877	1040	919	1090
42		611	589	744	811	958	863	1020	915	1080	967	1140	1010	1200
44		670	646	817	891	1050	947	1120	1000	1190	1060	1250	1110	1310
46		733	706	893	973	1150	1040	1220	1100	1300	1160	1370	1220	1430
48		798	769	972	1060	1250	1130	1330	1190	1410	1260	1490	1320	1560

　　由于钢丝绳的刚性较大，因此与其配合的滑轮和卷筒的直径是有要求的。滑轮与卷筒的最小许用直径由下式决定：

$$D \geqslant (e-1)d$$

式中　D——滑轮或卷筒的名义直径（即槽底直径），mm；

　　　e——轮绳直径比，参见表 2-2；

　　　d——钢丝绳直径，mm。

四、钢丝绳的寿命

　　钢丝绳的寿命就是达到报废标准的使用期限。钢丝绳在使用一段时间之后，表面的钢丝会被磨损及产生疲劳破断。钢丝绳规定长度范围中破断钢丝达到规定的数值时，钢丝绳就应该报废。

　　为了延长钢丝绳的使用寿命，除了选用合适的钢丝绳构造形式外，还可以采取下述几方面的措施：

　　① 提高安全系数 n，也就是降低钢丝绳的应力。

　　② 选用较大的滑轮与卷筒直径。

　　③ 滑轮槽的尺寸与材料对于钢丝绳的寿命有很大的影响。理想的滑轮槽半径约为 $R=0.53d$，R 太小会将钢丝绳卡死。

　　④ 若滑轮及卷筒的材料硬度过高，则对于钢丝绳寿命不利。铸铁较铸钢有利，但采用硬度过低的铸铁又会使滑轮或卷筒容易磨损，磨损下来的粉末会使钢丝绳受到研磨，缩短钢丝绳寿命。

　　⑤ 尽量减少钢丝绳的弯曲次数，即不要使钢丝绳通过太多的滑轮（在选用滑轮组的型

式及倍率时应予考虑），并且尽量避免使钢丝绳反向弯曲。

⑥ 钢丝绳应注意维护保养，定期润滑。

表 2-5 为钢制滑轮上工作的圆股钢丝绳中断丝根数的控制标准。

表 2-5　钢制滑轮上工作的圆股钢丝绳中断丝根数的控制标准（GB/T 5972—2006）

外层绳股承载钢丝数[1] n	钢丝绳典型结构示例[2] （GB 8918—2006 GB/T 20118—2006）[5]	起重机用钢丝绳必须报废时与疲劳有关的可见断丝数[3]							
		机构工作级别							
		M1、M2、M3、M4				M5、M6、M7、M8			
		交互捻		同向捻		交互捻		同向捻	
		长度范围[4]				长度范围[4]			
		≤6d	≤30d	≤6d	≤30d	≤6d	≤30d	≤6d	≤30d
$n \leqslant 50$	6×7	2	4	1	2	4	8	2	4
$51 \leqslant n \leqslant 75$	6×19S*	3	6	2	3	6	12	3	6
$76 \leqslant n \leqslant 100$	6×19S*	4	8	2	4	8	16	4	8
$101 \leqslant n \leqslant 120$	8×19S* 6×25Fi*	5	10	2	5	10	19	5	10
$121 \leqslant n \leqslant 140$		6	11	3	6	11	22	6	11
$141 \leqslant n \leqslant 160$	8×25Fi	6	13	3	6	13	26	6	13
$161 \leqslant n \leqslant 180$	6×36WS*	7	14	4	7	14	29	7	14
$181 \leqslant n \leqslant 200$		8	16	4	8	16	32	8	16
$201 \leqslant n \leqslant 220$	6×41WS*	9	18	4	9	18	38	9	18
$221 \leqslant n \leqslant 240$	6×37	10	19	5	10	19	38	10	19
$241 \leqslant n \leqslant 260$		10	21	5	10	21	42	10	21
$261 \leqslant n \leqslant 280$		11	22	6	11	22	45	11	22
$281 \leqslant n \leqslant 300$		12	24	6	12	24	48	12	24
$300 < n$		0.04n	0.08n	0.02n	0.04n	0.08n	0.16n	0.04n	0.08n

① 填充钢丝不是承载钢丝，因此检验中要予以扣除。多层绳股钢丝绳仅考虑可见的外层。带钢芯的钢丝绳，其绳芯作为内部绳股对待，不予考虑。

② 统计绳中的可见断丝数时，圆整至整数值。对于外层绳股的钢丝直径大于标准直径的特定结构的钢丝绳，在表中做降低等级处理，并以 * 号表示。

③ 一根断丝可能有两处可见端。

④ d 为钢丝绳公称直径。

⑤ 钢丝绳典型结构与国际标准的钢丝绳典型结构是一致的。

五、钢丝绳末端的连接方法

钢丝绳末端需要加以固接，以便与其他构件连接和防止钢丝松散，其连接方法主要有编结连接、楔形套筒连接、锥形套浇铸法连接和绳卡固定连接等（图 2-8）。

1. 编结连接［图 2-8(a)］

该方法是把绳索的端头劈开，去掉麻芯，然后与自身编织成一体，并用细钢丝扎紧，编结长度不应小于钢丝绳直径的 15 倍，且不应小于 300mm。此法牢固可靠，但需要较高的编织技术。

2. 楔形套筒连接［图 2-8(b)］

该方法是将钢丝绳一端绕过楔块，利用楔块在套筒内的锁紧作用使钢丝绳固定。这种方法适用于空间紧凑的地方。

3. 锥形套浇铸法连接［图 2-8(c)］

该方法是将钢丝绳末端穿过锥形套筒后松散钢丝，将头部钢丝弯成小钩，浇入金属液凝

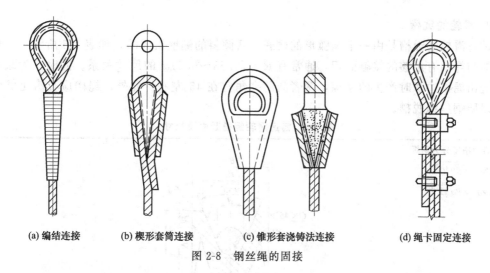

(a) 编结连接　　　　(b) 楔形套筒连接　　　　(c) 锥形套浇铸法连接　　　　(d) 绳卡固定连接

图 2-8　钢丝绳的固接

固而成。其连接固定处的强度与钢丝绳自身的强度大致相同。

4. 绳卡固定连接 [图 2-8(d)]

绳卡连接简单、可靠，得到广泛的应用。用绳卡固定时，应注意绳卡数量、绳卡间距、绳卡的方向和固定处的强度。

第二节　滑轮与滑轮组

起重机中滑轮主要是用来改变钢丝绳的受力方向，由滑轮组成的滑轮组可以达到省力或增速的目的。

一、滑轮

1. 滑轮的材料和构造

常用滑轮多采用铸铁 HT200、铸钢 ZG230-450 等材料制造，为减轻自重，多做成筋板带孔的结构，大型滑轮宜采用焊接滑轮。此外，尼龙滑轮由于自重轻、耐磨性好等显著特点在起重机中的应用日渐增多，见图 2-9。起重机常用铸造滑轮，其结构尺寸已进行标准化。

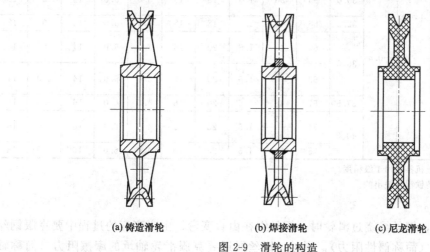

(a) 铸造滑轮　　　　　(b) 焊接滑轮　　　　　(c) 尼龙滑轮

图 2-9　滑轮的构造

2. 滑轮的绳槽

铸造滑轮的绳槽是由一个圆弧形的槽底与两倾斜的侧壁组成的，如表 2-6 所示。为保证钢丝绳与绳槽有足够的接触面积，通常有 $R=(0.53\sim0.6)d$ 的尺寸关系。同时，为减小钢丝绳进出绳槽边缘时产生的摩擦，两者间的夹角宜在 45°左右。此外，绳槽应具有足够的深度，以防钢丝绳脱槽。

表 2-6　铸造滑轮绳槽断面及尺寸　　　　　　　　　　　　　　　mm

绳槽表面精度分为两级：

1 级：$Ra\sqrt{}\overline{Ra\,6.3}$

2 级：$Ra\sqrt{}\overline{Ra\,12.5}$

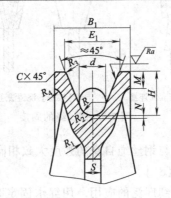

钢丝绳直径 d	基本尺寸							参考尺寸						
	R 尺寸	极限偏差 1级	极限偏差 2级	H	B_1	E_1	C	R_1	R_2	R_3	R_4	M	N	S
5~6	3.3			12.5	22	15	0.5	7	5	1.5	2.0	4	0	6
>6~7	3.8	+0.1/0	+0.2/0	15.0	26	17	0.5	8	6	2.0	2.5	5	0	7
>7~8	4.3					18								
>8~9	5.0			17.5	32	21	1.0	10	8	2.0	2.5	6	0	8
>9~10	5.5					22								
>10~11	6.0		+0.3/0	20.0	36	25	1.0	12	10	2.5	3.0	8	0	9
>11~12	6.5													
>12~13	7.0			22.5	40	28	1.0	13	11	2.5	3.0	8	0	10
>13~14	7.5			25.0	45	31	1.0	15	12	3.0	4.0	10	0	11
>14~15	8.2													
>15~16	9.0			27.5	50	35	1.5	16	13	3.0	4.0	10	0	12
>16~17	9.5	+0.2/0		30.0	53	38	1.5	18	15	3.0	5.0	12	0	12
>17~18	10.0													
>18~19	10.5			32.5	56	41	1.5	18	15	3.0	5.0	12	0	12
>19~20	11.0													
>20~21	11.5		+0.4/0	35.0	60	44	1.5	20	16	3.0	5.0	14	0	14
>21~22	12.0				63	45	1.5	20	16	3.0	5.0	14	2.0	14
>22~23	12.5					46								
>23~24	13.0			37.5	67	48	1.5	20	16	4.0	6.0	16	2.5	16
>24~25	13.5			40.0	71	51	1.5	22	18	4.0	6.0	16	3.0	16
>25~26	14.0					52								
>26~28	15.0				75	53	1.5	25	20	4.0	6.0	16	3.0	18

注：1. 对于冶金起重机推荐用 1 级精度。

2. 参考尺寸是按照铸铁滑轮提出的。

3. 滑轮效率 η_0

在实际应用中，钢丝绳绕过滑轮时，钢丝绳在由直变弯、由弯变直的过程中要克服钢丝绳内部的摩擦阻力（简称僵性阻力），同时，钢丝绳还要克服滑轮轴承的摩擦阻力（简称轴承阻力）。总之，僵性阻力和摩擦阻力使得钢丝绳两端的拉力是不同的，如图 2-10 所示，钢丝绳绕过滑轮的拉力公式可以表示为：

$$S_\lambda = \eta_0 S_出$$

式中，η_0 为滑轮效率，当滑轮轴承为滚动轴承时，近似取 $\eta_0 = 0.98$；当滑轮轴承为滑动轴承时，$\eta_0 = 0.95$。

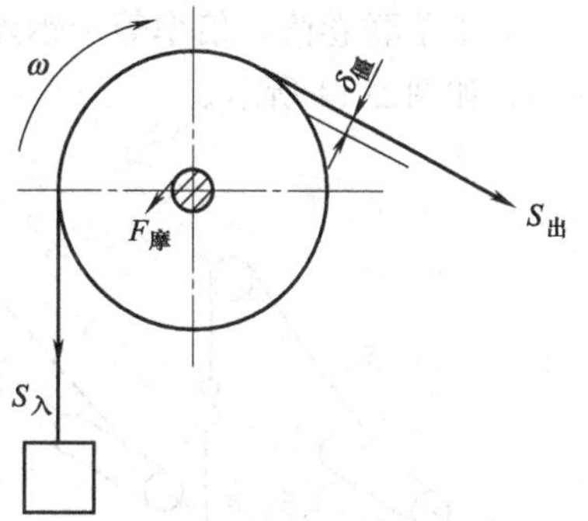

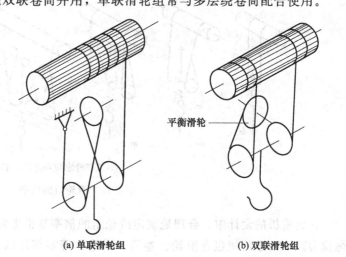

图 2-10 滑轮的摩擦

二、滑轮组

由钢丝绳依次绕过若干动滑轮和定滑轮而组成的装置称为滑轮组。

1. 滑轮组的分类

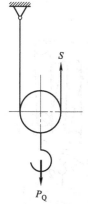

图 2-11 省力滑轮组

（1）按功能不同分类 根据功能的不同将滑轮组分为省力滑轮组和增速滑轮组。省力滑轮组广泛应用于起重机的起升机构和普通臂架变幅机构，它能用较小的钢丝绳拉力吊起大于其数倍重量的物料，如图 2-11 所示。增速滑轮组主要用于液压或气压驱动的机构中，利用油缸或气缸等装置获得数倍于活塞的速度或行程，如轮式起重机的吊臂伸缩机构，如图 2-12 所示。

（2）按构造不同分类 根据构造的不同将滑轮组分为单联滑轮组和双联滑轮组。单联滑轮组的特点是绕入卷筒的钢丝绳分支为一根，双联滑轮组绕入卷筒的钢丝绳的分支为两根，如图 2-13 所示，平衡滑轮具有平衡钢丝绳分支拉力用和调整钢丝绳长度的作用。双联滑轮组多与单层绕双联卷筒并用，单联滑轮组常与多层绕卷筒配合使用。

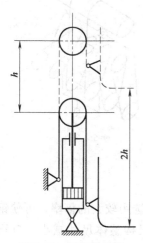

图 2-12 增速滑轮组

(a) 单联滑轮组　　(b) 双联滑轮组

图 2-13 滑轮组

2. 滑轮组的倍率 m

滑轮组的倍率是指滑轮组省力的倍数或增速的倍数，常用 m 表示。滑轮组的倍率在数值上等于悬挂物品的钢丝绳分支数与绕入卷筒的钢丝绳分支数之比，即：

$$m = \frac{悬挂物品的钢丝绳分支数}{绕入卷筒的钢丝绳分支数}$$

对于单联卷筒，倍率等于钢丝绳的分支数；对于双联滑轮组，倍率等于钢丝绳分支数的一半，如图 2-14 所示。

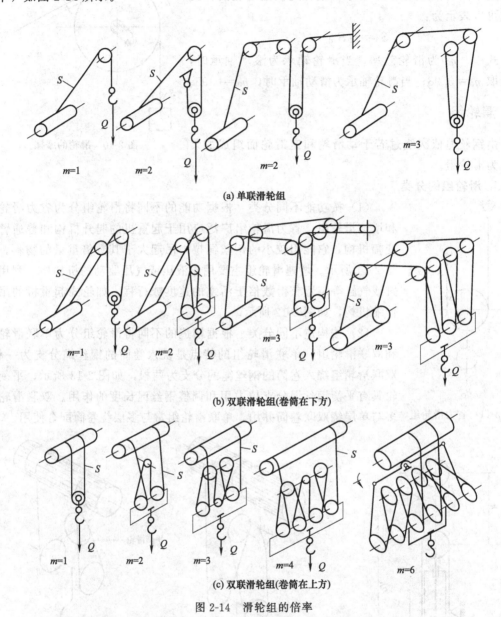

(a) 单联滑轮组

(b) 双联滑轮组(卷筒在下方)

(c) 双联滑轮组(卷筒在上方)

图 2-14 滑轮组的倍率

在起重机的设计中，合理地确定滑轮组的倍率是很重要的。选用较大的倍率，可使钢丝绳拉力减小，进而使包含滑轮、卷筒、减速器等零部件的起升机构整体尺寸减小、自重减轻。但是，较大的倍率会使滑轮组本身笨重复杂，卷筒增长，钢丝绳磨损加剧。一般情况下倍率的选择见表 2-7。

表 2-7 桥、门式起重机常用双联滑轮组倍率

额定起重量 Q/t	3	5	8	12.5	16	20	32	50	80	100	125	160	200	250
倍率 m	1	2	2	3	3	4	4	5	5	6	6	6	8	8

3. 滑轮组的效率 η_h

滑轮组效率与滑轮效率和滑轮组倍率有关，可由下式计算：

$$\eta_h = \frac{1-\eta_0^m}{m(1-\eta_0)}$$

式中　η_0——滑轮效率；

　　　　m——滑轮组倍率。

滑轮组的效率也可由表 2-8 选用。

表 2-8　滑轮组效率

项目	滑轮效率 η_0	滑轮组效率 η_h						
		滑轮组倍率 m						
		2	3	4	5	6	8	10
滚动轴承	0.98	0.99	0.98	0.97	0.96	0.95	0.93	0.92
滑动轴承	0.96	0.98	0.95	0.93	0.90	0.88	0.84	0.80

注：倍率为 2 的滑轮组只有一个动滑轮。由于动滑轮的效率高于定滑轮，因此 $m=2$ 的滑轮组效率高于滑轮效率。

第三节　卷筒

在起重机中，卷筒通过与钢丝绳之间的摩擦传递牵引力。

一、卷筒的种类与构造

1. 按照卷筒的制造工艺分类

起重机中主要采用圆柱卷筒，一般采用 HT200 或 ZG230-450 等材料铸造。对于单件生产的较大尺寸卷筒，多采用 Q345 钢板弯卷焊接而成，焊接卷筒的重量与铸造卷筒相比大大减轻。大型起重机上的卷筒，可以先分成几段铸造，再用电渣焊焊接成整体，如图 2-15 所示。

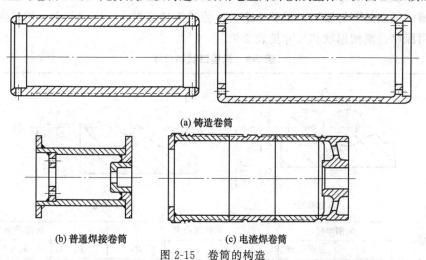

(a) 铸造卷筒

(b) 普通焊接卷筒　　　(c) 电渣焊卷筒

图 2-15　卷筒的构造

卷筒两端应有辐板支撑，辐板与筒体可以铸成一体，也可以分别铸造加工后用螺栓连成一体。筒体中间不宜布置纵向或横向加强筋，因为卷筒工作时，会在这些加强筋附近产生很大的局部弯曲应力，使卷筒在此处碎裂（图 2-16）。

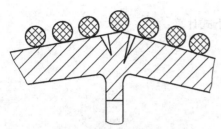

图 2-16　卷筒加强筋处的裂纹

2. 按照钢丝绳在卷筒上的卷绕方式分类

按照钢丝绳在卷筒上的卷绕方式的不同，可将卷筒分为单层绕卷筒（又称螺旋槽卷筒）和多层绕卷筒，见图 2-17。

单层绕卷筒上加工有螺旋槽，工作时，钢丝绳依次排列在螺旋槽内，钢丝绳与卷筒接触面积较大且钢丝绳之间没有摩擦，见图 2-17（a）。这种结构可以大大延长钢丝绳的寿命，因而使用广泛。

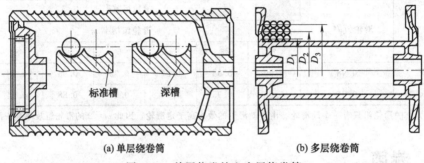

(a) 单层绕卷筒　　　　　　　　　　(b) 多层绕卷筒

图 2-17　单层绕卷筒和多层绕卷筒

在起升高度很大且卷筒长度受限的情况下，可采用多层绕卷筒，多层绕卷筒是没有螺旋槽的光面卷筒，两端设有挡边，如图 2-17（b）所示，各层钢丝绳交互挤压且互相摩擦，使用寿命短。在汽车起重机上多采用多层绕卷筒。

另外，单联卷筒上只加工一条螺旋槽；双联卷筒则有螺旋方向相反的两条螺旋槽，两个螺旋槽的中间做成光面。

3. 按照绳槽的形状分

绳槽的形状分为标准绳槽和深槽两种。标准绳槽节距小，为了使机构紧凑，一般采用标准槽。深槽的优点是不易脱槽，但其节距大，使卷筒长度增大，因此只有在钢丝绳有脱槽危险时才采用深槽。绳槽形状和尺寸见表 2-9。

表 2-9　绳槽形状和尺寸　　　　　　　　　　　　　　　　　　　　mm

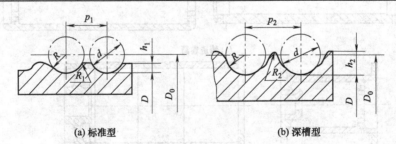

(a) 标准型　　　　　　　　　　　　　　　(b) 深槽型

钢丝绳直径 d	绳槽半径		标准槽形			加深槽形		
	R	极限偏差	p_1	h_1	R_1	p_2	h_2	R_2
5～6	3.3		7.0	2.3		—	—	
>6～7	3.8	+0.10	8.0	2.7	0.5	—	—	0.3
>7～8	4.3		9.0	3.0		11	5.0	
>8～9	5.0		10.5	3.5		12	5.5	

续表

钢丝绳直径 d	绳槽半径		标准槽形			加深槽形		
	R	极限偏差	p_1	h_1	R_1	p_2	h_2	R_2
>9~10	5.5		11.5	4.0		13	6.0	
>10~11	6.0		13.0			15	7.0	
>11~12	6.5		14.0	4.5		16	7.5	
>12~13	7.0		15.0	5.0		18	8.0	
>13~14	7.5		16.0	5.5		19	8.5	
>14~15	8.2		17.0			20	9.0	
>15~16	9.0	+0.20	18.0	6.0	0.8	21	9.5	0.5
>16~17	9.5		19.0	6.5		23	10.5	
>17~18	10.0		20.0	7.0		24	11.0	
>18~19	10.5		21.0			25	11.5	
>19~20	11.0		22.0	7.5		26	12.0	
>20~21	11.5		24.0	8.0		28	13.0	
>21~22	12.0		25.0	8.5		29	13.5	

二、卷筒组

常用卷筒组类型有齿轮连接盘式、周边大齿轮式和短轴式等。

齿轮连接盘式卷筒为封闭式传动，分组性好，卷筒轴不承受扭矩，是目前桥式卷筒组的典型结构，但检修时需沿轴向外移动卷筒（图 2-18）。

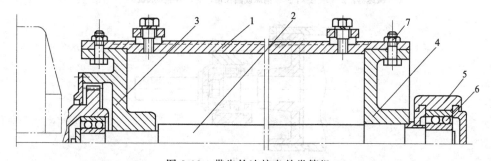

图 2-18 带齿轮连接盘的卷筒组

1—卷筒；2—卷筒轴；3—齿轮连接盘；4—卷筒毂；5—轴承座；6—轴承；7—螺栓

周边大齿轮式卷筒组多用于传动速比大、转速低的场合，一般为开式传动，卷筒轴只承受弯矩，见图 2-19。

短轴式卷筒组采用分开的短轴代替整根卷筒长轴。减速器侧短轴采用键过盈配合与卷筒法兰盘刚性连接；减速器通过钢球或圆柱销与底架铰接；支座侧采用定轴式或转轴式短轴；其优点是构造简单，调整安装比较方便，见图 2-20。

三、钢丝绳在卷筒上的固定

钢丝绳末端在卷筒上的固定应保证安全可靠，便于检查与更换，并且在固定处不应使钢丝绳过分弯曲。钢丝绳在卷筒上是利用摩擦力固定的，主要方法有楔形块固定法、长板条固定法、压板螺栓固定法等，见图 2-21。

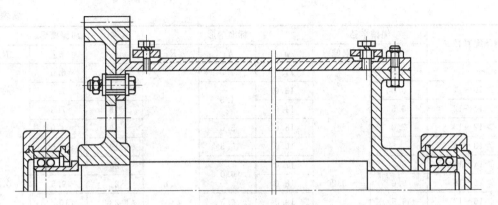

图 2-19 带开式齿轮的卷筒组

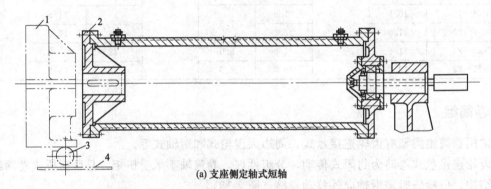

(a) 支座侧定轴式短轴

1—减速器；2—法兰盘；3—钢球或圆柱销；4—小车架底板

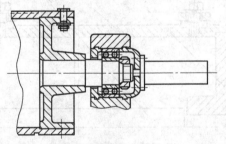

(b) 支座侧转轴式短轴

图 2-20 短轴式卷筒组

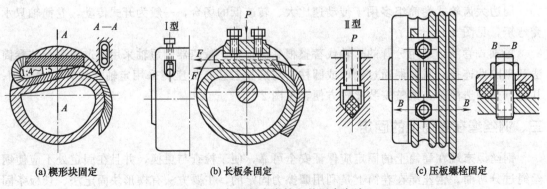

(a) 楔形块固定　　　　(b) 长板条固定　　　　(c) 压板螺栓固定

图 2-21 钢丝绳在卷筒上的固定方法

钢丝绳在卷筒上固定常用的方法是采用压板。为了保证安全，减小固定压板或楔子的受力，设计时要保证取物装置下放到极限位置时，在卷筒上除了用于固定钢丝绳的绳圈，还必须保留 2～3 圈的钢丝绳，这几圈钢丝绳称为安全圈，也称为减载圈。

四、卷筒的设计

卷筒的主要尺寸是直径 D、长度 L 和壁厚 δ。

1. 卷筒的直径 D

卷筒的直径 D（即槽底直径）同滑轮直径设计时一样，即：

$$D \geqslant (e-1)d$$

式中　e——轮绳直径比；

　　　d——钢丝绳直径，mm。

卷筒设计直径偏大时，有利于延长钢丝绳的寿命，但会使传动机构过于庞大。在起升高度较大时，为不使卷筒过长，常选用较大的卷筒。

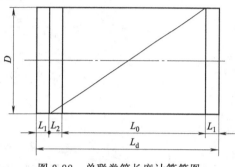

图 2-22　单联卷筒长度计算简图

2. 卷筒长度 L

（1）单联卷筒长度（图 2-22）

计算公式如下：

$$L_d = L_0 + 2L_1 + L_2$$

式中　L_d——卷筒总长度；

　　　L_1——两端的边缘长度（包括凸台在内），根据卷筒结构而定；

　　　L_2——固定钢丝绳所需的长度，一般取 $L_2 = 3t$；

　　　L_0——绳槽部分长度，其值为 $L_0 = \left(\dfrac{Hm}{\pi D_0} + n \right) t$；

　　　H——起升高度；

　　　m——滑轮组倍率；

　　　D_0——卷筒卷绕直径，$D_0 = D + d$；

　　　t——绳槽节距，光面卷筒 $t = d$；

　　　n——附加安全圈数，通常取 $n = 1.5 \sim 3$ 圈。

（2）双联卷筒长度（图 2-23）

计算公式如下：

$$L_s = 2(L_0 + L_1 + L_2) + L_g$$

式中　L_3——卷筒中间无绳槽部分长度，由钢丝绳的允许偏斜角 α 和卷筒轴到动滑轮轴的最小距离决定，对于有螺旋槽的单层绕卷筒，钢丝绳允许偏斜度通常为 $1:10$（光面卷筒为 $1:40$）；

　　　L_4——由卷筒出来的两根钢丝绳引入悬挂装置两个动滑轮的间距；

　　　h_{min}——取物装置处于上极限位置时，动滑轮轴线与卷筒轴线间的距离。

由图 2-23 所示的几何关系可得：

$$L_4 + 2h_{min}\tan\alpha \geqslant L_g \geqslant L_4 - 2h_{min}\tan\alpha$$

因 $\tan\alpha \leqslant 0.1$，故：

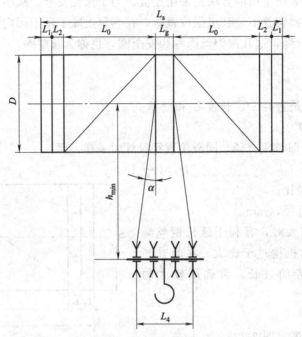

图 2-23 双联卷筒长度计算简图

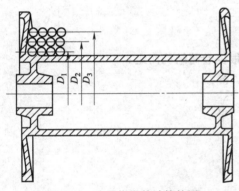

图 2-24 多层绕卷筒计算简图

$$L_4+0.2h_{\min}\geqslant L_g\geqslant L_4-0.2h_{\min}$$

（3）多层绕卷筒的长度（图 2-24）

如图 2-24 所示，若绕在卷筒上的钢丝绳为 n 层，每层为 z 圈，各层的卷绕直径为 D_1、D_2、…、D_n，则有：

$$D_1=D+d$$
$$D_2=D_1+2d=D+3d$$
$$\cdots$$
$$D_n=D+(2n-1)d$$

总绕绳长度为：

$$\begin{aligned}l_{绳}&=z\pi(D_1+D_2+\cdots+D_n)\\&=z\pi\{nD+d[1+3+5+\cdots+(2n-1)]\}\\&=z\pi n(D+nd)\end{aligned}$$

继而每层绕圈数为：

$$z=\frac{l_{绳}}{\pi n(D+nd)}$$

又有必需的绕绳长度为起升高度与滑轮组倍率之积为：

$$l_{绳}=Hm$$

多层绕卷筒的卷绕长度为：

$$L=1.1zt=\frac{1.1l_{绳}\,t}{\pi n(D+nd)}$$

式中 1.1——钢丝绳卷绕不均匀系数；

t——钢丝绳卷绕的节距，$t=(1.1\sim1.2)d$。

3. 卷筒壁厚 δ

卷筒壁厚可按经验公式初步确定，然后进行强度验算：

对于铸铁卷筒：$\delta=0.02D+(6\sim10)\mathrm{mm}$

对于钢卷筒：$\delta\approx d$

铸造卷筒考虑工艺要求，其壁厚不应小于 12mm。

4. 卷筒的强度计算

卷筒在钢丝绳拉力作用下，产生压缩、弯曲和扭转应力，其中压缩应力最大。当 $L\leqslant 3D$ 时，弯曲和扭转的合成应力不超过压缩应力的 $10\%\sim15\%$，因此只计算压应力即可；当 $L>3D$ 时，要考虑弯曲应力。对尺寸较大、壁厚较薄的卷筒还必须进行抗压稳定性验算。

（1）卷筒长度 $L\leqslant 3D$

在卷筒壁中，由于钢丝绳缠绕箍紧所产生的压应力，如同一个外部受压的厚壁筒（见图 2-25），此时，外表面压力 $p=\dfrac{2S_{\max}}{Dt}$，内表面 $p=0$，按计算厚壁筒的拉曼公式求得其最大压应力将在筒壁的内表面，其计算公式为 $\sigma_{压}=\dfrac{S_{\max}D}{(D-\delta)\delta t}$。一般卷筒壁厚 δ 与直径 D，相差很大，故可以近似认为 $\dfrac{D}{D-\delta}\approx 1$，则上式可改写成：

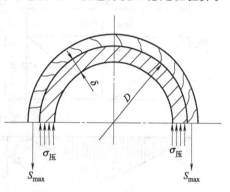

图 2-25　卷筒压应力计算简图

$$\sigma_{压}=\frac{S_{\max}}{\delta t}\leqslant[\sigma_{压}]\,(\mathrm{MPa})$$

式中　$S_{\max}$——钢丝绳最大静拉力，N；

　　　t——钢丝绳卷绕节距；

　　　$[\sigma_{压}]$——许用压应力，MPa；

对钢：$[\sigma_{压}]=\dfrac{\sigma_s}{1.5}$（$\sigma_s$ 为屈服强度）

对铸铁：$[\sigma_{压}]=\dfrac{\sigma_y}{4.25}$（$\sigma_y$ 为抗压强度）

多层卷绕的卷筒简壁中的压应力将随着卷绕层数增加而提高，但不是成倍地提高，因为内层钢丝绳和卷筒的径向变形使应力减少。多层卷绕卷筒简壁中的压应力按下式计算：

$$\sigma_{压}=A\frac{S_{\max}}{\delta t}\leqslant[\sigma_{压}]\,(\mathrm{MPa})$$

式中　A——考虑卷绕层数的卷绕系数，见表 2-10。

表 2-10　卷绕系数

卷绕层数	2	3	4	$\geqslant 5$
系数 A	1.75	2.0	2.25	2.5

（2）卷筒长度 $L>3D$

如图 2-26 所示，还应计算由弯曲力矩产生的弯曲应力（因扭转应力很小，一般忽略不计）：

$$\sigma_弯 = \frac{M_弯}{W}$$

式中　$M_弯$——弯矩；

　　　　W——卷筒断面抗弯模量，$W = \dfrac{\pi}{32} \times \dfrac{D^4 - (D-2\delta)^4}{D}$。

卷筒所受的合成应力为：

$$\sigma = \sigma_弯 + \frac{[\sigma_拉]}{[\sigma_压]}\sigma_压 \leqslant [\sigma_拉] \text{(MPa)}$$

式中　$[\sigma_拉]$——许用拉应力，对钢$[\sigma_拉] = \dfrac{\sigma_s}{2}$；对铸铁$[\sigma_拉] = \dfrac{\sigma_B}{5}$（$\sigma_B$——拉抗强度极限）。

5. 卷筒的抗压稳定性验算

卷筒尺寸较大，壁厚又薄，很可能在钢丝绳缠绕箍紧下使卷筒壁失稳而向内压瘪。当卷筒直径 $D \geqslant 1200\text{mm}$，长度 $L > 2D$ 时，尤其对于钢板焊接的大尺寸薄壁卷筒，须对卷筒壁进行稳定性验算。验算公式如下：$p \leqslant \dfrac{p_k}{n}$

式中　n——稳定系数，$n = 1.3 \sim 1.5$；

　　　　p——卷筒壁单位面积上所受的外压力，MPa，$p = \dfrac{2S_{max}}{Dt}$；

$$p_k = 2E\left(\frac{\delta}{D}\right)^3 \text{(MPa)}$$

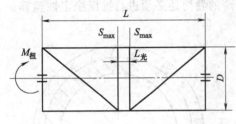
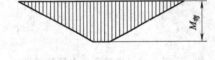
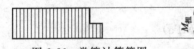

图 2-26　卷筒计算简图

式中　E——材料的弹性模量。

对于钢卷筒：$p_k = 4.2 \times 10^5 \times \left(\dfrac{\delta}{D}\right)^3 \text{(MPa)}$

对于铸铁卷筒：$p_k = (2 \sim 2.6) \times 10^5 \times \left(\dfrac{\delta}{D}\right)^3 \text{(MPa)}$

思 考 题

1. 试述本章表 2-1 中钢丝绳常用型号的意义。
2. 通过查阅资料了解不同种类的起重机滑轮组在结构形式上的区别。
3. 简述起重机卷筒的设计过程。

第三章

取物装置

取物装置是起重机械中的一个重要组成部分，在装卸、转载和安装等作业中用于抓取物料。取物装置形式多样，对于不同物理性质和形状的物品，往往使用不同的取物装置。

取物装置中，有些结构简单且应用广泛，如吊钩、吊环等；有些结构复杂，用于特定物料的抓取，如抓斗、夹钳、吊梁、电磁盘、集装箱吊具等；很多情况下，取物装置还需与辅助吊具配合使用，如吊索和卸扣等，见图 3-1。本章主要介绍吊钩和抓斗。

为使起重机能顺利、安全和高效地进行工作，取物装置一般应尽量满足以下几个基本要求：

① 构造简单、使用方便、安全可靠。

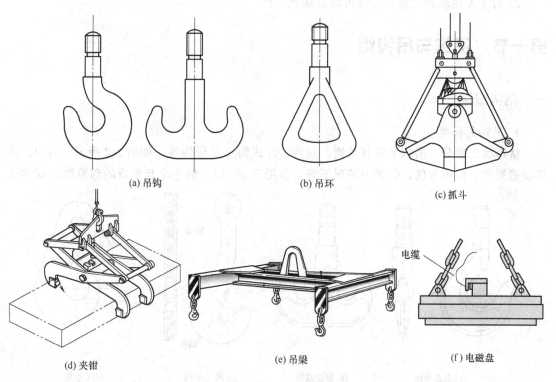

(a) 吊钩　　　　　　　(b) 吊环　　　　　　　(c) 抓斗

(d) 夹钳　　　　　　　(e) 吊梁　　　　　　　(f) 电磁盘

图 3-1

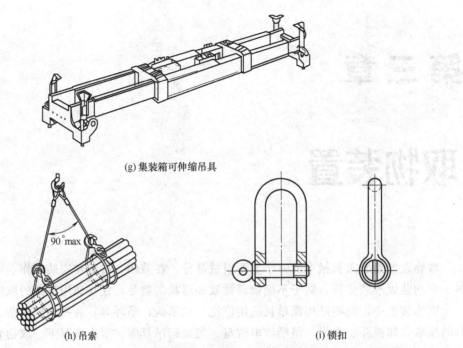

(g) 集装箱可伸缩吊具

90°max

(h) 吊索　　　　　　　　　　　　　　　　　　　　　(i) 锁扣

图 3-1　取物装置与辅助吊具简图

② 要有足够的强度和刚度，自重较轻。

③ 效率要高，能迅速地抓取和卸下物料。

④ 对于专用取物装置，应尽可能自动化操作。

第一节　吊钩与吊钩组

一、吊钩概述

1. 吊钩的种类

从形状上来分，吊钩主要有单钩、双钩、片式钩和 C 形钩等，如图 3-2 所示。其中，单钩制造简单、使用方便，但受力情况不好，多用于 80t 以下的中小起重量的起重机；双钩受

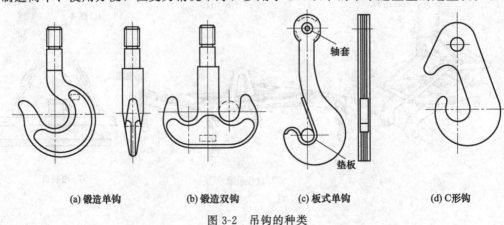

(a) 锻造单钩　　　　(b) 锻造双钩　　　　(c) 板式单钩　　　　(d) C形钩

图 3-2　吊钩的种类

力条件较好，钩体材料能充分利用，用于起重量较大的起重机；板式钩由数片切割成形的钢板铆接而成，也称叠板钩，虽自重较大，但安全性好，多用于大起重量或吊运钢水的起重机；C形钩，也称鼻形钩，常用于船舶装卸，上部突出可防止起升时挂住舱口。

从制作方法上来分，吊钩分为锻造吊钩和片式吊钩。锻造吊钩通常采用吊钩专用材料DG20或DG20Mn等优质低碳钢制造，并加入少量铝以防止老化。片式吊钩的钢板采用厚度不小于 20mm 的 Q235、20优质碳素钢或 Q345 钢板制造。

2. 吊钩的构造及特点

吊钩钩身的断面形状有圆形、矩形、梯形和 T 形等。从受力情况来看，梯形断面吊钩最常用，受力情况较好且便于加工；T 形断面最合理，受力情况最好且自重轻，但锻造的制造工艺复杂；矩形断面只用于片式吊钩，断面承载力不能充分利用，整体笨重；圆形断面用于简单的小型吊钩。

锻造吊钩的尾部通常制成带螺纹的结构，通过螺母将吊钩悬挂在吊钩横梁上。小型吊钩采用三角螺纹，大型吊钩多采用梯形螺纹或锯齿形螺纹，为了更好地减轻应力集中，还可以采用圆螺纹。片式吊钩尾部带有圆孔，用销轴与其他部件连接。

为防止系物脱钩，有的吊钩装有闭锁装置，如图 3-3 所示。

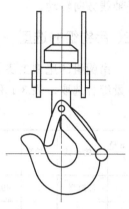

图 3-3 装有安全闭锁
装置的吊钩

二、吊钩组

吊钩组由吊钩和动滑轮组合而成。

吊钩组有两种型式：一种是长型吊钩组，一种是短型吊钩组，如图 3-4 所示。长型吊钩

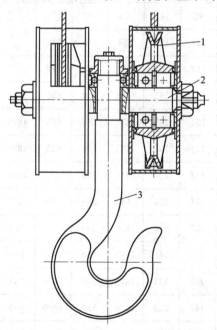

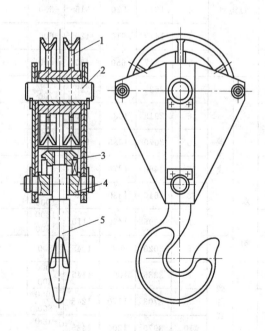

(a) 短型吊钩组
1—滑轮；2—滑轮轴；3—吊钩

(b) 长型吊钩组
1—滑轮；2—滑轮轴；3—拉板；4—吊钩横梁；5—吊钩

图 3-4 吊钩组

组的滑轮轴和吊钩横梁是分开并平行地安装在拉板上的，滑轮的数目可为奇数或偶数，并选用短颈的吊钩；但是，这种吊钩整体高度大。短型吊钩组的滑轮轴和吊钩横梁是同一个零件，省掉了拉板，但滑轮的数目必须是偶数；为使吊钩转动时不会干涉到两边滑轮，需选用长颈吊钩。短型吊钩组整体高度小于长型吊钩组。

为了方便吊挂重物，需要吊钩能灵活转动，因而在吊钩端头的螺母与横梁之间安装止推轴承，使吊钩能沿垂直轴线转动；同时，吊钩横梁与拉板连接处可相对转动，使吊钩能沿水平轴线方向转动。

三、吊钩组的选型

吊钩组的选型主要根据企业提供的产品目录以及吊钩组使用场合、倍率、工作级别和起重量综合选取。表 3-1 和图 3-5 所示为 3～250t 的吊钩滑轮组系列尺寸。

表 3-1　吊钩组系列尺寸　　　　　　　　　　　　mm

起重量/t	吊钩形式	滑轮数	A	H	H_1	D	l	l_1	l_2	L	D_1	S	t	自重/kg
3	短钩型	1	697	265	135	250				150	55	44	43	
5	长钩型	2	661		340	350	187			320	70	55		82
8	长钩型	2	707		360	350	207			340	85	70		90
12.5	长钩型	3	1036	395	260	350		77		310	110	88		161
16	长钩型	3	1294	520	290	500		96		375	120	100		296
20	短钩型	4	1345	520	315	500		96	112	475	140	112		364
32	短钩型	4	1649	610	420	600		112	132	558	170	140		697
50	短钩型	5	1817	650	480	600		112	142	690	220	176		1050
80	双钩 锻造式	6	2635	990	745	800/700		131	195	1316	250	450		3075
100	双钩 锻造式	6	2915	1085	800	1000/800		131	195	1411	280	500		4262
125	双钩 锻造式	6	3070	1085	800	1000/800		131	195	1411	300	620		4898
160	双钩 锻造式	6	3460	1270	850	1200/1000		157	220	1311	350	690		7049
200	双钩 锻造式	6	3610	1330	890	1200/1000		157	226	1645	350	710		9221
250	双钩 锻造式	8	4095	1430	1110	1300/1100		157	240	1670	400		780	10334
100	双钩 叠片式	5	3020	980	1045	800		145	244.5	1080	250	1300	550	4281
125	双钩 叠片式	6	3385	1090	1145	1000/800		200	131	1370	300	1400	630	
150	双钩 叠片式	8	3703	1170	1248	1000/800		157	250	1685	350	1500	700	
200	双钩 叠片式	10	3970	1200	1435	1000/800		157	250	2000	350	1500	700	11376
250	双钩 叠片式	12	4290	1240	1615	1000/800		157	250	2315	400	1700	800	13945

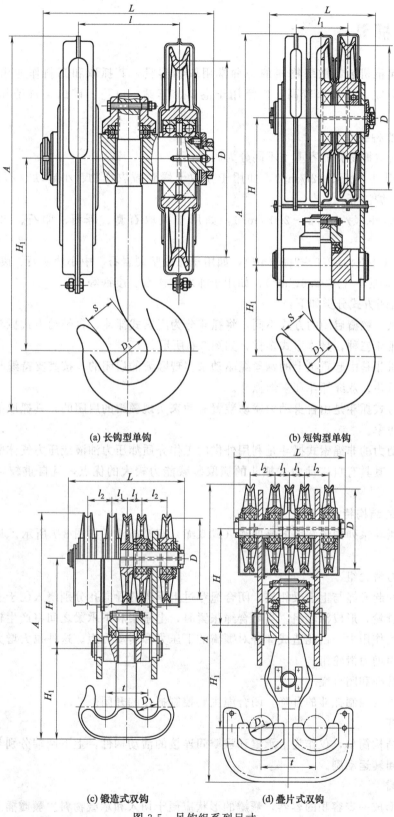

(a) 长钩型单钩

(b) 短钩型单钩

(c) 锻造式双钩

(d) 叠片式双钩

图 3-5　吊钩组系列尺寸

第二节　抓斗

抓斗是起重机装卸散装物料的一种常用取物器具，其抓取和卸料作业由起重机司机操控，操作便捷，生产率较高，广泛用于港口、车站、电厂、矿山、料场和船舶等作业场所。

1. 抓斗的种类

（1）根据被抓物料的容重 γ 不同分为四类：

① 轻型抓斗（$\gamma < 1.2 t/m^3$），如用于抓取干燥颗粒农作物、小砖块、石灰、氧化铝、碳酸钠、干燥炉渣等。

② 中型抓斗（$\gamma = 1.2 \sim 2.0 t/m^3$），如用于抓取石膏、砾石、卵石、水泥、大块碎砖等。

③ 重型抓斗（$\gamma = 2.0 \sim 2.6 t/m^3$），如用于抓取坚硬岩石、中小块矿石、废铁等。

④ 特重型抓斗（$\gamma > 2.6 t/m^3$），如用于抓取重矿石、废铁等。

（2）按启闭方式分类如下：

按驱动抓斗颚瓣启闭的方式不同，将抓斗分为绳索式抓斗、自带动力式抓斗和无自带动力非绳索式抓斗三种，具体形式多样，如图 3-6 所示。

绳索式抓斗是由起重机上的钢丝绳驱动来实现颚瓣的启闭的，按其支持绳与闭合绳分支数分为单绳抓斗、双绳抓斗和多绳抓斗。

自带动力式抓斗是由自身动力驱动装置驱动来实现颚瓣的启闭的，其抓取能力取决于该动力装置的功率。

无自带动力的非绳索式抓斗是利用外供的工作介质如压力油液或压力气体驱动来实现颚瓣的启闭的，其具有自带动力式抓斗的抓取装载能力较大的优点，且自重较轻，制造成本较低。

2. 抓斗的结构特点

绳索式抓斗系列中最常用的是四绳（或双绳）双瓣抓斗，如图 3-7 所示。其主要结构及特点如下：

（1）增力滑轮组

起重机的起升绳与上承梁相连，闭合绳穿过上承梁的导向孔分别绕入位于上承梁和下承梁的上、下滑轮，形成滑轮组。当闭合绳张紧时，上承梁和下承梁之间将产生较闭合绳拉力大数倍的相互作用力，由此造成撑杆对颚瓣的下压力和转动力矩。这种拉力增大数倍的滑轮组在此也称为增力滑轮组。

（2）起升绳和闭合绳

起升绳主要控制抓斗的升降，闭合绳主要控制抓斗的开闭。

（3）撑杆

撑杆的结构简单，仅作为上承梁和颚瓣间连接的活动构件，上下两端分别与上承梁、颚瓣形成铰链回转运动副。

（4）颚瓣

闭合后形成一定容积的容器，颚瓣的形状应便于切入和承载物料。颚瓣插入物料的刃口应具有足够的强度、刚度和耐磨性。颚瓣常有双瓣和多瓣之分。

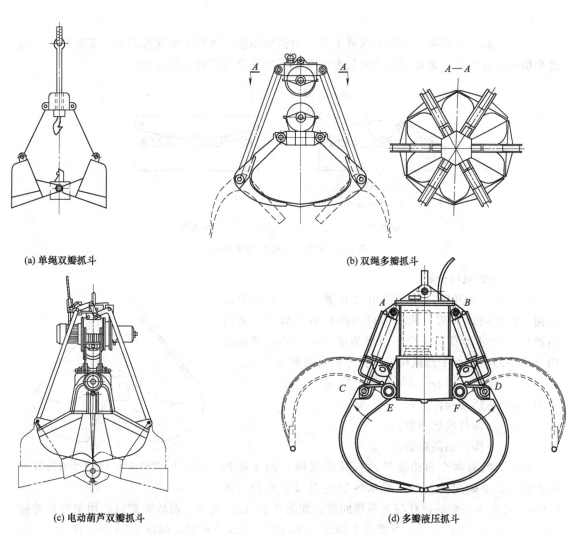

(a) 单绳双瓣抓斗　　　　　　　　　　　　　　　　　(b) 双绳多瓣抓斗

(c) 电动葫芦双瓣抓斗　　　　　　　　　　　　　　　(d) 多瓣液压抓斗

图 3-6　各种抓斗简图

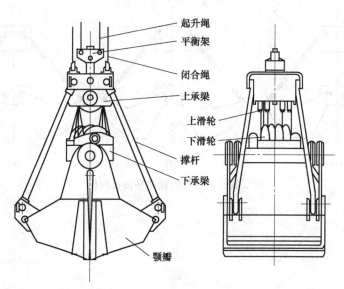

起升绳
平衡架
闭合绳
上承梁
上滑轮
下滑轮
撑杆
下承梁
颚瓣

图 3-7　四绳双瓣抓斗

（5）平衡架

呈三角形的平衡架下方与上承梁支架上的销轴相连，两侧销轴连接起升（支持）绳，通过平衡架的适度摆转来补偿起升绳长度的变化不均及受力不均（图3-8）。

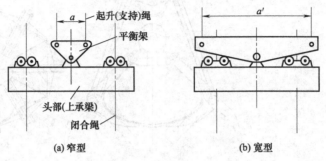

图3-8　起升（支持）绳平衡架

3. 抓斗的机构分析

抓斗在颚瓣开闭的平面内可以看做是一个多杆平面机构，它由两块颚瓣、两根撑杆（前后对称分布，实为四根）、一个上承梁、一个下承梁组成了一个六杆平面机构（图3-9）。在此平面机构中，抓斗的自由度为 W：

$$W = 3n - 2p - q = 3 \times 6 - 2 \times 8 - 0 = 2$$

式中　n——活动构件数；

p——构件的低副数；

q——构件的高副数。

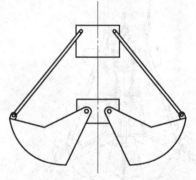

图3-9　双瓣抓斗六杆平面机构图

因此，具有两个自由度的六杆抓斗机构在闭斗抓料时的运动是不确定的，可以采取的措施有以下几种（图3-10）：将抓斗一侧的撑杆与上承梁固接，如图3-10（a）所示；两块颚瓣彼此用扇形齿轮连接，如图3-10（b）所示；将撑杆上端加工成凸轮，形成凸轮副，如图3-10（c）所示。

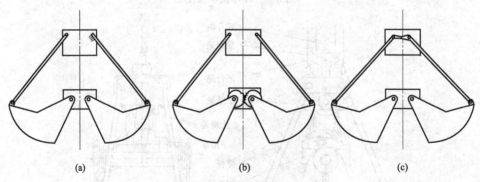

(a)　　　　　　　　　　(b)　　　　　　　　　　(c)

图3-10　改进后的抓斗平面机构图

第四章

制动装置

为了满足起重机械的正常工作和安全保障，在起重机的起升、运行、回转和变幅机构上都装设有制动装置。常见起重机用制动器见图4-1。

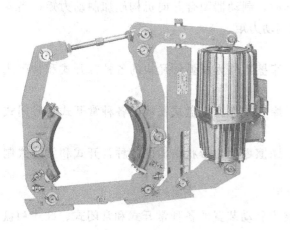

(a) 液压推力块式制动器

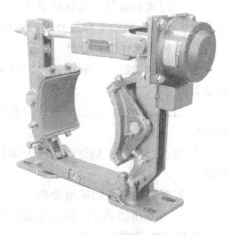

(b) 电磁块式制动器

(c) 气动钳盘式制动器

(d) 臂盘式制动器

图4-1　常见起重机制动器

制动装置的主要作用有以下几个方面：

① 减速制动——使运行中的机构减速并停止，简称"停止"。

② 控制制动——通过制动使机构在所需的速度下（如控制载荷恒速下降）运行，简称"落重"。

③ 维持制动——机构在失去驱动的情况下，通过制动来防止机构在载荷、重力、风力和其他外部作用力的作用下产生运动，简称"支持"。

第一节　起重机常用制动器类型概述

起重机常用制动器可根据施力作用方式、制动偶件型式、驱动装置以及在机构中的布置位置进行分类。

1. 根据制动器施力作用方式分类

① 常开式制动器：当驱动装置驱动时，制动器闭合（也称上闸）向机构施加制动力矩；当驱动装置失去驱动时，制动器释放并解除对机构的制动力矩。

② 常闭式制动器：当驱动装置失去驱动时，制动器闭合并向机构施加制动力矩；当驱动装置驱动时，制动器释放并解除对机构的制动力矩。

2. 按制动偶件型式分类

① 块式制动器：是制动偶件为制动轮、摩擦零件为圆弧形瓦块的各种常开式和常闭式制动器。

② 盘式制动器：是制动偶件为制动盘、摩擦零件为钳盘式瓦块的各种常开式和常闭式制动器。

③ 带式制动器：是制动偶件为圆柱面、摩擦零件为带状结构的各种常开式和常闭式制动器。

3. 根据驱动装置的不同分类

① 电力液压制动器：以电力液压推动器为驱动装置的各种常开式和常闭式、鼓式和盘式以及带式制动器。

② 电磁制动器：以电磁铁为驱动装置的各种常开式和常闭式、鼓式和盘式以及带式制动器。

③ 气动制动器：以压缩空气动力装置（气缸、气泵等）为驱动装置的各种常开式和常闭式、鼓式和盘式以及带式制动器。

④ 液压制动器：以液压动力装置（液压缸、液压泵站等）为驱动装置的各种常开式和常闭式、鼓式和盘式以及带式制动器。

⑤ 人力操作制动器：以人力（一般为脚踏）操纵、通过液压或钢丝绳系统实现制动器的闭合（上闸）或释放（松闸）的鼓式、盘式和带式制动器。

4. 按制动器在机构中的布置位置分类

① 高速轴制动器：布置在机构高速轴（亦称电机轴）或次高速轴（减速器二级轴）上的制动器。

② 低速轴制动器：布置在机构低速轴（亦称减速器输出轴或卷筒轴）上的制动器。

起重机常用制动器的类型大部分已经标准化，目前起重机使用的制动器以电力液压块式制动器、盘式制动器（高速轴制动）和液压盘式制动器（低速轴制动）为主。

第二节　块式制动器

块式制动器广泛用于各种起重、装卸机械的高速轴减速和维持制动，是起重机的主流配套制动产品。其特性优良、动作平稳、冲击力小、控制简单，且驱动装置具有不过载和自保护性，具有高可靠性和长寿命的特点，是目前起重机高速轴上使用最多的制动器。其主要种类有电力液压块式制动器和电磁块式制动器。

一、块式制动器的工作原理和构造

1. 块式制动器的工作原理

现以电力液压块式制动器为例（图4-2），介绍其主要工作原理：当机构通电时，推力器7在液压油作用下向上推起推杆，引起三角形杠杆6逆时针偏转，拉杆5被推动，制动弹簧4被拉伸，制动臂3及制动瓦块2远离制动轮1，此时为松闸；当机构断电时，制动弹簧4收缩，制动臂3及制动瓦块2抱紧制动轮1，三角形杠杆6顺时针偏转，推力器7复位，此时为上闸。

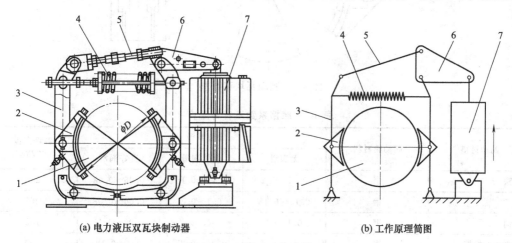

(a) 电力液压双瓦块制动器　　　　　　　　(b) 工作原理简图

图4-2　电力液压块式制动器

1—制动轮；2—制动瓦块；3—制动臂；4—制动弹簧；5—拉杆；6—三角形杠杆；7—推力器

2. 块式制动器的主要构造

（1）制动轮

制动轮通常由铸钢或球墨铸铁制造，转速不高的制动轮也可用铸铁制造（图4-3），也

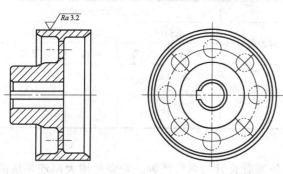

图4-3　制动轮

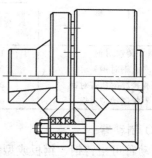

图4-4　带制动轮的联轴器

会根据需要把制动轮作为联轴器的一个半体（图4-4）。为了增强摩擦表面的耐磨性，制动轮表面要进行机械加工与表面淬火，淬火深度为2～3mm，硬度达到35～45HRC，表面粗糙度不大于$Ra1.25\mu m$。安装在高速轴上的制动轮要进行机械加工，以保证制动轮的动平衡特性。

（2）制动瓦块与衬垫

制动瓦块是一个铸铁件，它铰接在制动臂上。为了提高制动瓦块与制动轮之间的摩擦系数和制动瓦块的耐磨性能，在制动瓦块上一般都铆接或粘接一层制动衬垫，如图4-5所示。

制动衬垫材料应具有摩擦系数大、耐磨性好、许用比压大、导热性好等基本性质。各种制动衬垫材料的摩擦系数μ、容许温度T、最大容许比压q及相对制动轮滑动速度与比压的乘积qv的推荐值见表4-1和表4-2。

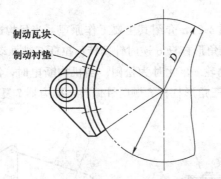
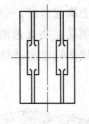

图4-5 制动瓦块和衬垫

表 4-1 摩擦系数及容许温度

制动衬垫	制动轮材料	摩擦系数 μ			容许温度 $T/℃$
		无润滑	偶然润滑	良好润滑	
铸铁	钢	0.17～0.2	0.12～0.15	0.06～0.08	260
钢	钢	0.15～0.18	0.1～0.2	0.06～0.08	260
青铜	钢	0.15～2	0.12	0.08～0.11	150
沥青浸石棉带	钢	0.35～0.4	0.30～0.35	0.1～0.12	200
油浸石棉带	钢	0.30～0.35	0.30～0.32	0.09～0.12	175
石棉橡胶碾压带	钢	0.42～0.48	0.35～0.4	0.12～0.16	220
石棉树脂带	钢	0.35～0.4		0.10～0.12	250

表 4-2 制动衬垫的 $[q]$ 及 $[qv]$ 值

材　　料	$[q]$/MPa		$[qv]$/[N/(mm·s)]			
	支持用	下降控制用	支持用		下降控制用	
			块式	带式	块式	带式
铸铁对钢	1.5	1.0				
钢对钢	0.4	0.2	5	2.5	2.5	1.5
石棉橡胶碾压带对钢	0.8	0.4				
石棉制动带对钢	0.6	0.3				

（3）制动臂

制动臂可由铸钢、钢板或型钢制成。其外形有直臂与弯臂两种，弯臂能增大制动瓦块的包角。

（4）松闸间隙（ε）

制动器在松闸状态时，应当使制动瓦块与制动轮间具有适当的间隙，通常松闸间隙随着衬垫的磨损而逐渐增大。为了保证制动器正常工作，松闸间隙不能过大或过小。最小松闸间隙根据衬垫的弹性而定，通常为 $\varepsilon_{min}=0.6\sim0.8mm$，用以保证制动轮在旋转时不致由于振摆、轴的挠度及热膨胀而与制动瓦块接触。另一方面，松闸间隙过大可能引起很大的上闸冲击和延长上闸时间，所以最大松闸间隙通常为 $\varepsilon_{max}=1.5\varepsilon_{min}$，最大不超过 2mm。

（5）推动器

推动器是使制动器工作的原动力，在很大程度上决定了制动器的工作性能。推动器主要有电力液压推动器和液压电磁推动器两种，另外采用制动电磁铁也可实现推动器的作用。

① 电力液压推动器（图 4-6）。工作时，事先向油缸 6 中注油，使油位接近电动机 2 的方轴孔（Ⅰ—Ⅰ处）。电机 2 在通入交流电后，通过方轴 5 带动叶轮旋转，使油液产生压力，按箭头方向由上腔流向压力油腔 10，于是把活塞 9 推起，经推杆 3 和连接头 1 打开制动器。切断电源后，叶轮 8 停止转动，活塞在其自重及制动主弹簧的伸张压力作用下，迅速下降，使制动瓦块立即上闸抱紧制动轮。

电力液压推动器的优点是动作平稳、无噪声，允许每小时结合次数较多（可达到 600次/小时），可与电机联合调速；缺点是上闸缓慢，用于起升机构时制动行程较长的情况。

② 液压电磁推动器（图 4-7）。在动铁芯 3 与静铁芯 9 之间形成工作间隙，工作油可经通道由单向齿形阀 16、17 进入工作间隙。当线圈 18 通电后，动铁芯 3 被静铁芯 9 吸起向上运动，工作腔内压力增高，齿形阀片关闭通道，工作油则推动活塞 12 及推杆 5 向上运动，

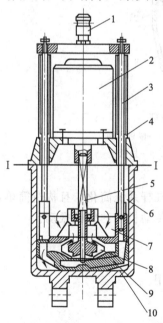

图 4-6 电动液压推动器简图

1—连接头；2—空心轴电机；3—推杆；
4—防尘管；5—方轴；6—油缸；7—活塞
盖；8—叶轮；9—活塞；10—压力油腔

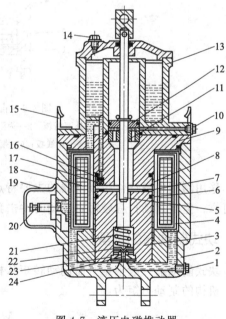

图 4-7 液压电磁推动器

1—放油螺塞；2—底座；3—动铁芯；4—绝缘圈；
5—推杆；6—密封环；7—垫圈；8—导引套；9—静
铁芯；10—放气塞；11—轴承；12—活塞；13—油缸；
14—注油塞；15—吊耳；16—齿形阀片；17—齿形阀；
18—线圈；19—接线盖；20—接线柱；21—弹簧；
22—弹簧座；23—下阀片；24—下阀体

制动器松闸。当线圈断电后，电磁力消失，制动器主弹簧迫使推杆及动铁芯一起下降，制动器上闸。随着工作中制动片的不断磨损，活塞推杆上闸时的最终静止位置也将向下移一段微小的距离，这段距离称为补偿行程。由于活塞下移而排出的油，在每次上闸时动铁芯被释放下降后通过底部单向阀流出。

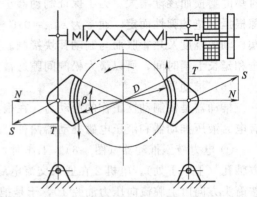

液压电磁推动器的特点是采用直流电源或配置整流设备的交流电源，具有自动补偿功能，但结构复杂，对密封元件和制造工艺要求高，价格较贵。

③ 制动电磁铁。

在电磁块式制动器中（图 4-8），采用电磁铁作为推动装置（图 4-9）。电磁铁装在制动杠杆上，利用励磁线圈 4 和衔铁 6 的吸合作用，推动推杆 3 进行松闸动作；断电时，复位弹簧 7 复位，此时上闸。

图 4-8 电磁块式制动器结构简图

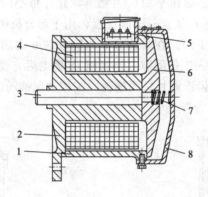

图 4-9 直流电磁铁工作原理

1—外圈磁轭；2—内圈磁轭；3—推杆；4—励磁线圈；
5—接线板；6—衔铁；7—复位弹簧；8—护罩

采用制动电磁铁作为推动器的主要特点是制动器的杠杆系统简化，且构造简单，工作安全可靠；但是制动行程较短，制动时冲击猛烈，会引起传动机构的机械振动。

二、块式制动器的选型

块式制动器一般根据所需制动转矩从标准产品中选用。

机构的制动力矩为：

$$M_{zh} \geqslant K_z M_j \tag{4-1}$$

式中　K_z——制动安全系数；

　　　M_j——制动轮的制动静力矩（高速轴）；

根据计算所得制动力矩查表选取标准制动器规格，即

$$[T] \geqslant M_{zh} \tag{4-2}$$

式中　$[T]$——额定制动力矩，N·m。

表 4-3 和表 4-4 所示为 YW 系列电力液压块式制动器和 ZWZ_A 系列直流电磁块式制动器的规格和参数。

表 4-3　YW 系列电力液压块式制动器　　　　　　mm

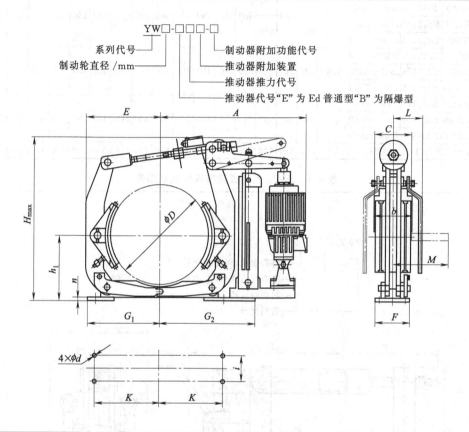

型　号		制动力矩 /N·m	退距	A	b	C	D	d	E	F	G_1	G_2	H_{max}	h_1	i	K	M	n	L	质量 /kg
制动器	匹配推动器																			
YW160-E220	Ed23/5	80～160	1.0	430	65	160	160	14	145	85	145	195	440	132	55	130	105	8	145	32.5
YW200-E220	Ed23/5	100～200	1.0	470	70	160	200	14	175	90	165	255	500	160	55	145	118	10	150	35
YW200-E300	Ed30/5	150～335																		38
YW250-E220	Ed23/5	125～250	1.0	530	90	160	250	18	205	110	200	290	585	190	65	180	149	12	180	45
YW250-E300	Ed30/5	180～350		533		160														48
YW250-E500	Ed50/6	300～550		570		190														53
YW250-E800	Ed80/6	300～970		570		190														56
YW315-E220	Ed23/5	150～320	1.25	590	110	160	315	18	255	115	245	330	585	230	80	220	174	17	170	70
YW315-E300	Ed30/5	200～450				190														
YW315-E500	Ed50/6	315～710		620		190														75
YW315-E800	Ed80/6	630～1240																		80
YW400-E300	Ed30/5	200～470	1.25	680	140	160	400	22	310	160	310	420	715	280	100	270	211	14	170	138
YW400-E500	Ed50/6	400～800		710		190														
YW400-E800	Ed80/6	630～1250				190														140
YW400-E1250	Ed121/6	1000～2240		700		240								775							155

续表

型号		制动力矩/N·m	退距	A	b	C	D	d	E	F	G₁	G₂	H_max	h₁	i	K	M	n	L	质量/kg
制动器	匹配推动器																			
YW500-E500	Ed50/6	450~1235	1.25	810	180	190	500	22	390	180	365	535	815	340	130	325	270	21	180	176
YW500-E800	Ed80/6	800~1600																		176
YW500-E1250	Ed121/6	1250~2500		800		240							835							204
YW500-E2000	Ed201/6	2000~4000											845							204
YW630-E1250	Ed121/6	1600~3150	1.6	925	225	240	630	26	470	220	450	600	1035	420	170	400	330	20	185	310
YW630-E2000	Ed201/6	2500~5000																		310
YW630-E3000	Ed301/6	3550~7100																		315
YW710-E1250	Ed121/6	1000~3250	1.6	980	255	240	710	27	520	240	500	650	1135	470	190	450	372	25	220	435
YW710-E2000	Ed201/6	2500~5600																		435
YW710-E3000	Ed301/6	4000~8000																		441
YW800-E3000	Ed301/12	12500	2.0	1227	280	240	800	27	580	280	570	830	1360	530	210	520	410	30	240	600

表 4-4   ZWZ_A 系列直流电磁块式制动器   mm

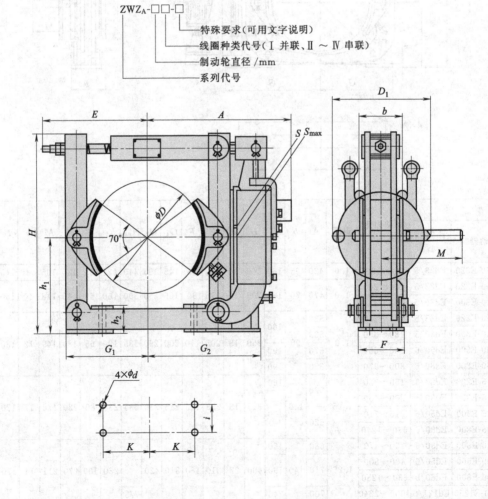

ZWZ_A-□□-□

特殊要求(可用文字说明)

线圈种类代号(Ⅰ 并联、Ⅱ ～ Ⅳ 串联)

制动轮直径 /mm

系列代号

续表

制动器型号	制动力矩/N·m 并联线圈 通电持续率 25%	40%	100%	串联线圈 60%额定电流 通电持续率 25%	40%	串联线圈 40%额定电流 25%	40%	D	h₁	K	i	d	h₂	b	F	G₁ / G₂	A	E	H	M	退距 S / Sₘₐₓ	质量/kg
ZWZ$_A$-400	1500	1200	550	1500	1200	900	550	400	320	170	90	28	90	180	170	305 / 415	540	390	670	320	1.5 · 2 / 3	168
ZWZ$_A$-500	2500	1900	850	2500	1900	1500	1000	500	400	205	100	28	115	200	190	370 / 475	605	465	825	340	1.75 · 2.3 / 3.5	339
ZWZ$_A$-600	5000	3550	1550	5000	3550	3000	2050	600	475	250	126	42	140	240	230	450 / 565	690	570	965	420	2 · 2.7 / 4	500
ZWZ$_A$-700	8000	5750	2800	8000	5750	4800	3250	700	550	305	150	42	172	280	270	515 / 625	780	645	1115	480	2.25 · 3 / 4.5	689
ZWZ$_A$-800	12500	9100	4400	12500	9100	7500	5550	800	600	350	180	42	176	320	300	580 / 700	855	710	1250	540	2.5 · 3.3 / 5	881

注：本表摘录于焦作市液压制动器股份有限公司产品技术参数。

三、块式制动器的设计

　　如果现有标准块式制动器的制动力矩及其他参数不能满足使用要求，则需自行设计。制动器的设计主要是根据给定的额定制动转矩，确定或计算制动轮的直径与宽度，选定松闸杠杆系统的传动比，确定合闸弹簧的载荷、松闸器的推力（或转矩）与行程（或转角）等。下面以长行程电动液压推杆（或液压电磁铁）块式制动器为例介绍该类型制动器的设计过程（图 4-10）。

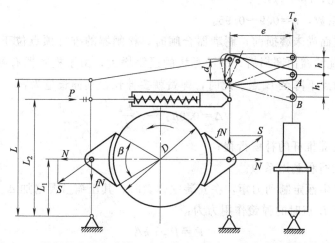

图 4-10　长行程液压电磁铁（或电动液压推杆）块式制动器计算简图

1. 制动瓦块覆面的计算压力

$$N = \frac{T}{\mu D} \tag{4-3}$$

式中　T——制动器额定制动力矩，N·m；

　　　D——制动轮直径，m；

　　　μ——摩擦系数，按表 4-1 选取。

2. 制动瓦块覆面的比压

$$q = \frac{N}{BL} \leqslant [q] \text{ (MPa)} \tag{4-4}$$

而

$$L = \frac{B\pi D}{360}\beta \text{ (mm)} \tag{4-5}$$

式中　B——制动瓦块的宽度，mm，$B = \Psi D$，一般取 $\Psi = 0.4 \sim 0.5$；

　　　L——制动瓦块的覆面弧长；

　　　β——制动瓦块覆面的包角，一般取 $\beta = 70° \sim 88°$；

　　$[q]$——允许比压，按表 4-2 选取。

3. 制动轮直径与宽度

由式（4-4）、式（4-5）得：

$$N = \frac{B\pi D}{360}\beta[q] = \frac{\pi\psi D^2}{360}\beta[q] \tag{4-6}$$

将式（4-6）代入式（4-3）得：

$$D = 4.86\sqrt[3]{\frac{T}{\mu\psi\beta[q]}} \tag{4-7}$$

制动轮宽度 $B_1 = B + (5 \sim 10)$ mm。

4. 合闸主弹簧的计算

产生额定制动力矩的弹簧作用力为：

$$P_e = \frac{T}{\mu D i \eta} \text{ (N)} \tag{4-8}$$

式中　i——杠杆比，$i = L_2/L_1$；

　　　η——杠杆系数，$\eta = 0.9 \sim 0.95$。

在制动瓦块覆面尚未磨损前，制动器合闸时，松闸器的推杆顶点位于 A 点，弹簧作用力为 P_e。在制动瓦块覆面磨损后，制动瓦块的退距增大，由于松闸器有补偿行程，因此制动器合闸时推杆顶点下降至 B 点。此时，弹簧就要伸长，其伸长量为：

$$\Delta = 0.9 h_1 \frac{d}{e} \times \frac{L_2}{L} \tag{4-9}$$

式中　h_1——松闸器推杆的补偿行程；

　　0.9——补偿行程利用系数。

为了保证能产生额定制动力矩，在安装主弹簧时，其压缩量要增加 Δ。

故推杆下落至 B 点时的弹簧作用力为：

$$P = P_e + k\Delta \tag{4-10}$$

制动器松闸时，松闸器推杆上升至最顶点，这时弹簧所受的力最大，即：

$$P_{max} = P_e + k\frac{d}{e} \times \frac{L_1}{L}(0.9 h_1 + h) \tag{4-11}$$

式中　k——弹簧刚度；

　　　h——松闸器推杆的工作行程。

对于无补偿行程的电动液压推杆，$h_1 = 0$。

松闸时，电动液压推杆或液压电磁铁的额定推力应满足下式：

$$T_e \geqslant P_{\max} \frac{dL_2}{eL\eta}(\text{N}) \tag{4-12}$$

对于有补偿行程的液压电磁铁,其推杆的额定工作行程按下式计算;

$$h = 2\varepsilon i$$

式中　i——松闸器至制动弹簧的杠杆比,$i = \frac{L}{L_2} \times \frac{e}{d}$。

第三节　盘式制动器

盘式制动器的制动偶件为制动盘,相对于块式制动器具有转动惯量小、冲击较小、制动轮轴不受弯曲载荷、散热性能好的优点,在中大型起重机中得到了快速的推广和应用。盘式制动器从结构上主要分为臂盘式、锥盘式和钳盘式等形式。

一、臂盘式制动器

臂盘式制动器与块式制动器的工作原理相似,都是采用杠杆机构进行力的传递;而两者的区别主要在于,后者的制动摩擦面为平面,制动偶件为制动盘,如图 4-11、图 4-12 所示。常用于高速轴的工作制动!

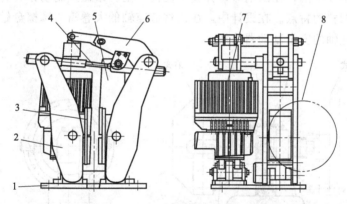

图 4-11　杠杆式电力液压盘式制动器

1—底座;2—制动臂;3—制动瓦;4—制动拉杆;5—制动弹簧组件;6—三角杠杆;7—推动器;8—制动盘

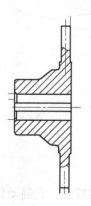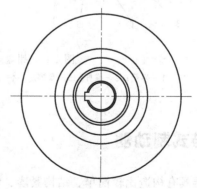

图 4-12　制动盘

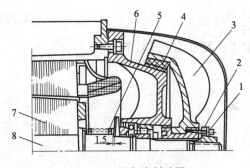

图 4-13　锥盘式制动器

1—螺钉；2—锁紧螺母；3—风扇叶片；4—内锥盘；
5—弹簧；6—外锥盘；7—锥形转子；8—电机轴

二、锥盘式制动器

锥盘式制动器在内制动电机中经常用到。制动器部分构造如图 4-13 所示。其中，风扇叶片 3 与内锥盘 4 连接在一起，锥形转子 7、电机轴 8 和风扇叶片 3 在轴向方向连为一体。当电机通电时，锥形转子 7 受磁力作用向右移动，并带动电机轴 8 和内锥盘 4 一起脱离外锥盘 6，于是电机转子自由运转。断电时，在弹簧 5 回复力的作用下，推动锥形转子 7 向左移动，内锥盘 4 与外锥盘 6 摩擦接触，此时电机停止转动。

三、钳盘式制动器

钳盘式制动器又称为点盘式制动器，该制动器的制动块及其传动装置都装在横跨制动盘两侧的夹钳形制动钳上。如图 4-14 所示钳盘式制动器，通电时，在气包 6 的气压作用下，推杆 2 推动制动钳 5 松闸；在断电时，弹簧 1 复位上闸。钳盘式制动钳具有结构简单、体积小、制动力矩可调整的特点。在设计中，往往将低速轴的大卷筒与摩擦盘做成一体，将钳盘式制动器作为低速轴的安全制动器使用。

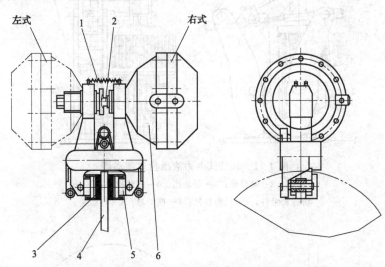

图 4-14　钳盘式制动器

1—弹簧；2—推杆；3—摩擦片；4—制动盘；5—制动钳；6—气包

第四节　带式制动器

带式制动器具有构造比较简单、结构紧凑、制动力矩大的特点。在制动轮直径相同的条件下，带式制动器的制动力矩是块式制动器的 2～2.5 倍。其主要缺点是制动轮轴上承受较大的径向力，制动带磨损不均匀。通常用于中小型起重机、车辆和人力操纵的场合，也可作为起重设备的安全制动器安装在低速轴或卷筒上。

一、带式制动器的工作原理和构造

以图 4-15 所示的简单式电磁带式制动器为例说明其工作原理。制动带 6 一端连接在底座 1 的支点上，另一端连接在制动杠杆 3 上，当电磁铁 5 通电时，电磁力克服制动弹簧 2 的拉力，提起制动杠杆 3，制动带 6 松闸，在退距均等安装支架 7 和退距均等调整装置 8 的共同作用下，制动带 6 能均匀离开制动轮。当电磁铁 5 断电时，在制动弹簧 2 回复力的作用下，制动杠杆 3 被放下，制动带 6 抱紧制动轮完成上闸。

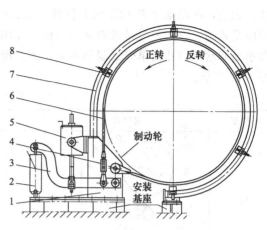

图 4-15　简单式电磁带式制动器
1—底座；2—制动弹簧；3—杠杆机构；4—制动带绕出端连接组件；5—电磁铁；6—制动带；7—退距均等安装支架；8—退距均等调整装置

二、制动带受力分析

如图 4-16 所示，$S_入$ 为绕入端拉力，$S_出$ 为绕出端拉力。根据制动原理，制动带与制动轮产生的摩擦力为 $F_摩$，$F_摩$ 等于制动带两端的拉力 $S_入$ 和 $S_出$ 之差，且用于制动轮的制动。其中，制动带上的受力情况为 $S_入$ 最大，同时 $S_出$ 最小。

$$F_摩 = S_入 - S_出$$

$$F_摩 = 2M_{zh}/D$$

又由柔性带摩擦公式（欧拉公式）得：

$$S_入 = S_出 e^{\mu\alpha}$$

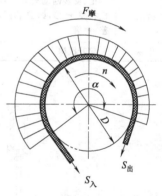

图 4-16　制动带的受力分析简图

式中　μ——摩擦系数；

　　　α——制动轮与制动带的包角；

　　　D——制动轮直径。

由以上三个公式得出制动力矩 M_{zh}：

$$M_{zh} = S_入(1 - 1/e^{\mu\alpha})D/2$$

其中，$S_入$ 由带式制动器的结构形式和上闸力共同确定。

三、带式制动器的类型

根据带式制动器的杠杆连接形式不同，带式制动器有简单式、综合式和差动式等类型，其结构形式和特性见表 4-5。

其中，简单带式制动器正向转向回转时产生的制动力矩较大，反向回转时制动力矩较小，用于单向制动，可用于起重机械中起升机构或变幅机构的安全制动；综合带式制动器在制动力 P 的作用下，两端同时拉紧且距离相等，故制动轮正转或反转产生的制动力矩相同，可用于中大型门座式起重机和浮式起重机回转机构的制动；差动带式制动器带的两端分别与杠杆相连，在制动力 P 的作用下杠杆绕支点转动，一端拉紧而另一端放松，由于 a 大于 b，因而是紧闸，它与简单带式制动器一样，宜用于单向制动，但所需制动外力比简单带式制动器小而制动行程比简单带式制动器大，故常用于手或脚操纵的单向制动。操纵带式制动器如图 4-17 所示。

表 4-5　带式制动器的特点

类型		简单式	综合式	差动式
结构形式		（图）	（图）	（图）
制动力矩	正转	$T_{zh}=\dfrac{PDl}{2a}(e^{\mu\alpha}-1)$	$T_{zh}=T'_{zh}=\dfrac{PDl}{2a}\times\dfrac{e^{\mu\alpha}-1}{e^{\mu\alpha}+1}$	$T_{zh}=\dfrac{PDl}{2}\times\dfrac{e^{\mu\alpha}-1}{a-be^{\mu\alpha}}$
	反转	$T'_{zh}=\dfrac{PDl}{2a}\left(1-\dfrac{1}{e^{\mu\alpha}}\right)$		$T'_{zh}=\dfrac{PDl}{2}\times\dfrac{e^{\mu\alpha}-1}{ae^{\mu\alpha}-b}$
特点		正、反转制动转矩不同，操纵力 P 相差 $e^{\mu\alpha}$ 倍，如 P 相同，则 T_{zh} 相差 $e^{\mu\alpha}$ 倍	正、反转制动转矩相同	正、反转制动转矩不同，上闸力 P 小，当 $b>\dfrac{a}{e^{\mu\alpha}}$ 时自锁
用途		起升机构	运行、回转机构	起升机构

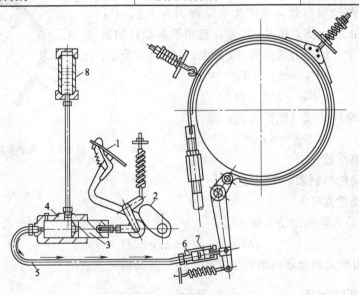

图 4-17　操纵带式制动器

1—踏板；2—凸轮；3—活塞；4,6—油缸；5—油管；7—活塞；8—储油器

第五节　停止器

起重机结构中，停止器是一种用来防止逆转和支持重物不动的制动装置。如在起重机变幅机构中，需要使用停止器使吊臂长时间且安全可靠地支持在空中。停止器可分为棘轮停止

器和摩擦停止器。

一、棘轮停止器

棘轮停止器由棘轮和棘爪组成，棘轮和棘爪多数采用外啮合式［图4-18（a）］，内啮合式［图4-18（b）］采用较少。当棘轮沿载荷上升方向旋转时，棘爪只沿棘轮齿面滑过而不阻止棘轮的旋转；当棘轮受载荷作用反转时，棘爪即由自重或靠弹簧力的作用而进入棘轮的齿间，阻止棘轮反转，载荷就会停止。

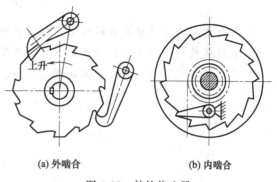

(a) 外啮合　　　　　　(b) 内啮合

图 4-18　棘轮停止器

有时，为避免棘爪冲击棘轮及其所产生的噪声，可采用无声棘轮装置（图4-19），棘爪用连杆铰接在摩擦环上，而摩擦环靠弹簧造成的摩擦力抱紧在棘轮的轮毂上，当棘轮按起升方向旋转时，棘爪被连杆推起到挡止点为止，避免了噪声的产生；反转时，棘爪又被拉回到啮合位置。

为保证安全工作，棘爪必须沿棘轮齿的表面迅速滑动到齿根，以便棘爪和棘轮齿全部啮合。为此，通常将棘轮工作齿面做成与棘轮半径成 φ 角的斜面，$\varphi = 15° \sim 20°$，棘爪的心轴中心应位于齿顶啮合点的切线上（图4-20）。

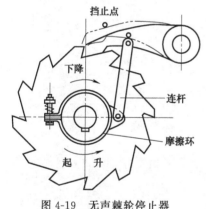

图 4-19　无声棘轮停止器

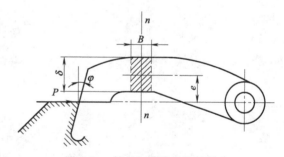

图 4-20　棘爪与棘轮齿位置关系

二、滚柱停止器

滚柱停止器借助摩擦力阻止机构逆转，如图4-21所示。滚柱式停止器工作平稳，制造工艺要求较高，但耐用性和可靠性较差。

工作时，外圈1保持不动，当轮芯2顺时针方向旋转时，摩擦力使滚柱3向楔形空间的小端滚动，此时，轮芯2与外圈1卡住并胀紧，轮芯2无法转动，弹簧4能使滚柱3与外圈1保持接触，产生一定的初始摩擦力；逆时针方向转动时，滚柱3向楔形空间的大端滚动，此时，滚柱3与外圈1之间存有间隙，进而随轮芯2转动。

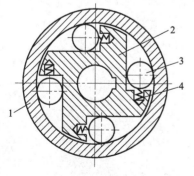

图 4-21　滚柱停止器

1—外圈；2—轮芯；3—滚柱；4—弹簧

思 考 题

1. 结合本章内容试述起重机常用制动器的种类有哪些，各有什么特点及应用场合。
2. 杠杆式长行程块式制动器合闸弹簧的载荷和松闸器的推力是如何计算的。
3. 试比较块式、盘式和带式制动器的优劣。

第五章

车轮与轨道

起重机的运行方式主要分为有轨运行和无轨运行，前者采用车轮在专门铺设的钢轨上运行，后者可以采用轮胎、履带等在普通道路上行走。本章节主要介绍有轨运行的车轮和轨道。

第一节 车轮

一、车轮

1. 车轮的结构和材料

车轮主要由踏面和轮缘组成，踏面的作用是用来支撑起重机重量并使其运行，轮缘的作用是导向和防止起重机脱轨。起重机车轮多用铸钢制造，一般采用 ZG310-570 以上的铸钢。小尺寸的车轮也可用锻钢制造，一般不低于 45 钢；特大车轮用 60 钢以上的优质钢进行轧制；轮压小于 50kN、运行速度小于 30m/min 的车轮，也可采用铸铁制造。

2. 车轮的分类

车轮按照轮缘形式可以分为双轮缘、单轮缘和无轮缘三种（图 5-1）。通常情况下，大车车轮采用双轮缘；小车车轮采用单轮缘，安装时，把轮缘安置在轨道外侧；无轮缘车轮则需另装水平轮来导向和防止脱轨。车轮轮缘高度为 15～25mm，带有 1∶5 的斜度，且为承受较大的起重机侧向力，厚度通常达到 20～25mm。

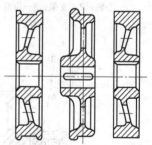

(a)双轮缘 (b)单轮缘 (c)无轮缘

图 5-1 车轮形式

车轮的踏面主要有圆柱形、圆锥形和鼓形三种，见图5-2。车轮踏面一般制成圆柱形的，[图 5-2（a）]。集中驱动桥式起重机的大车车轮采用圆锥踏面 [图 5-2（b）]，锥度为 1∶10，大端在内侧，以便消除两边主动车轮因直径不同产生的啃轨现象。鼓形车轮的踏面为圆弧形 [图 5-2（c）]，主要用于电动葫芦悬挂小车和圆形轨道起重机，用以消除附加阻力和磨损。

为了补偿在轨道或安装车轮时造成的轨距误差，避免在结构中产生应力，车轮的踏面宽度 B 应比轨顶 b 宽度稍大，对于双轮缘车轮 $B=b+(20\sim30)\,\mathrm{mm}$；集中驱动的圆锥车轮 $B=b+40\mathrm{mm}$；单轮缘车轮的踏面应当更宽些。

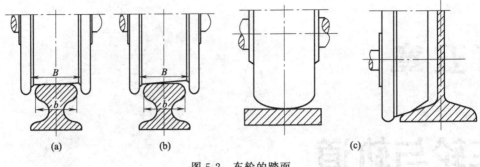

图 5-2   车轮的踏面

二、车轮组

考虑到制造、安装和维修的方便以及系列化的要求，常把车轮、轴和轴承等零件设计成车轮组的形式。起重机用车轮组主要有定轴式车轮组和转轴式车轮组两种。

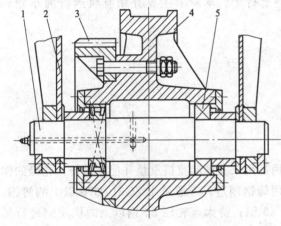

图 5-3   支承在定轴上的车轮

1—心轴；2—支架；3—齿圈；4—车轮；5—轴承

1. 定轴式车轮组

定轴式车轮组是把车轮通过轴承安装在心轴上，见图 5-3。

驱动转矩通过与车轮固定在一起的齿圈 3 传递给车轮 4，使车轮 5 围绕心轴 1 转动。这种车轮组的结构形式较为简单，但车轮的安装位置不易调整且车轮不易更换。

2. 转轴式车轮组

转轴式车轮组是把车轮安装在转动轴上。通过转轴来传递转矩的车轮为主动车轮，否则为从动车轮。根据结构形式的不同转轴式车轮组，又分为角型轴承箱车轮组（图 5-4）和剖分式车轮组（图 5-5）两

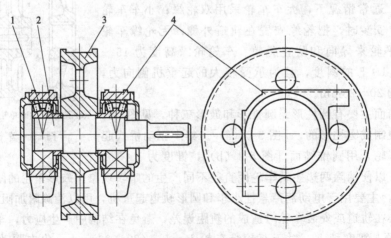

图 5-4   角型轴承箱车轮组

1—轴承；2—转轴；3—车轮；4—角型轴承箱

种，前者的车轮组轴承箱为垂直的角型结构，后者的轴承箱为剖分式结构，这两种形式的车轮组制造成本稍高，但由于便于更换和调整，应用更为广泛。

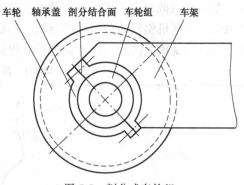

图 5-5 剖分式车轮组

三、均衡台车

起重机在枕木支撑的轨道上运行时，其允许轮压为 $100\sim120$kN；在混凝土和钢结构支撑的轨道上运行时，其允许轮压为 600kN。当起重量过大时，通常用增加车轮数目的方法来降低轮压。为使每个车轮的轮压均匀，车轮之间采用平衡梁连接，这种车轮组称之为均衡台车，如图 5-6 所示。对于车轮数目很多的巨型起重机，为了缩短车轮的排列长度，往往采用双轨轨道，这时均衡台车的上部铰点需采用球铰，见图 5-7。

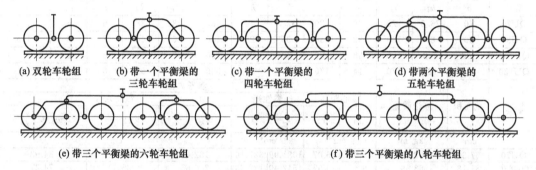

(a) 双轮车轮组　　(b) 带一个平衡梁的　　(c) 带一个平衡梁的　　(d) 带两个平衡梁的
　　　　　　　　　　三轮车轮组　　　　　四轮车轮组　　　　　五轮车轮组

(e) 带三个平衡梁的六轮车轮组　　　　　(f) 带三个平衡梁的八轮车轮组

图 5-6　带各种平衡梁的车轮组（均衡台车）

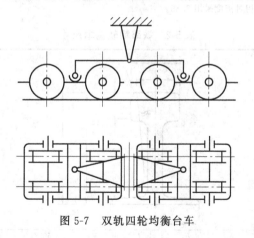

图 5-7　双轨四轮均衡台车

第二节　轨道

1. 轨道的种类

起重机的走行轨道有三种：起重机钢轨（表 5-1）、P 型铁路钢轨（表 5-2）和方钢。P

型铁路钢轨的截面为工字形，顶部做成凸状，底部为具有一定宽度的平板，能增大与基础的接触面；起重机钢轨的截面形状与铁路钢轨相似，但凸顶曲率半径及整体的抗弯强度相对较大，可以承受更大的轮压；方钢则可看做是平顶钢轨。

表 5-1　起重机钢轨基本尺寸　　　　　　　　　　　　　　mm

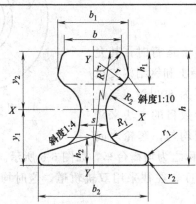

型号	b	b_1	b_2	s	h	h_1	h_2	R	R_1	R_2	r	r_1	r_2
QU70	70	76.5	120	28	120	32.5	24	400	23	38	6	6	1.5
QU80	80	87	130	32	130	35	26	400	26	44	8	6	1.5
QU100	100	108	150	38	150	40	30	450	30	50	8	8	2
QU120	120	129	170	44	170	45	35	500	34	56	8	8	2

型号	截面积	理论质量	重心距离		惯性矩		参考数值 截面系数		
			y_1	y_2	I_x	I_y	$w_1 = \dfrac{I_x}{y_1}$	$w_2 = \dfrac{I_x}{y_2}$	$w_3 = \dfrac{I_y}{b_2/2}$
	cm^2	kg/m	cm		cm^4		cm^3		
QU70	67.30	52.80	5.93	6.07	1081.99	327.16	182.42	178.12	54.53
QU820	81.13	63.69	6.43	6.57	1547.40	182.39	240.65	235.52	74.21
QU100	113.32	88.96	7.60	7.40	2864.73	940.98	376.94	387.12	125.42
QU120	150.44	118.10	8.43	8.57	4923.79	1694.83	584.08	574.54	199.39

注：计算理论质量时，钢的相对密度采用 7.85。

表 5-2　铁路钢轨基本尺寸　　　　　　　　　　　　　　mm

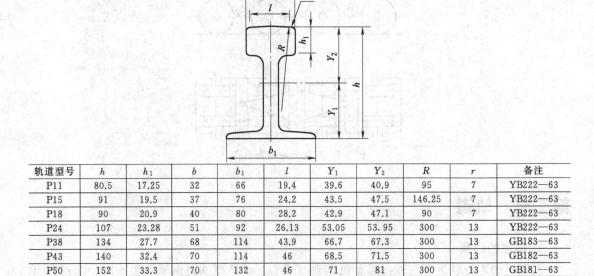

轨道型号	h	h_1	b	b_1	l	Y_1	Y_2	R	r	备注
P11	80.5	17.25	32	66	19.4	39.6	40.9	95	7	YB222—63
P15	91	19.5	37	76	24.2	43.5	47.5	146.25	7	YB222—63
P18	90	20.9	40	80	28.2	42.9	47.1	90	7	YB222—63
P24	107	23.28	51	92	26.13	53.05	53.95	300	13	YB222—63
P38	134	27.7	68	114	43.9	66.7	67.3	300	13	GB183—63
P43	140	32.4	70	114	46	68.5	71.5	300	13	GB182—63
P50	152	33.3	70	132	46	71	81	300	13	GB181—63

轨道型号	截面面积/cm²	惯性矩/cm⁴		截面系数/cm³			质量/(kg/m)
		I_x	I_y	$W_1 = \dfrac{I_x}{Y_1}$	$W_2 = \dfrac{I_x}{Y_2}$	$W_3 = \dfrac{I_y}{b_1/2}$	
P11	14.31	125	15.1	31.7	30.5	4.5	11.20
P15	18.80	222	30.2	51.0	46.6	7.9	14.72
P18	23.07	240	41.1	56.1	51.0	10.3	18.06
P24	31.24	486	80.46	91.64	90.12	17.49	24.46
P38	49.50	1204.4	209.3	180.6	178.9	36.7	38.733
P43	57.00	1489.0	260.0	217.3	208.3	45.0	44.653
P50	65.80	2037.0	377.0	287.2	251.3	57.1	51.514

2. 轨道的固定

起重机的大车走行轨道必须固定在走行基础上，小车走行轨道固定在主梁上。起重机轨道的固定方式主要有以下几种，如图 5-8 所示：图（a）所示采用连续焊缝焊接，为不可拆卸结构，轨道截面可计入钢梁，增加了承载强度，用于工作级别 M5 以下的小车车轮轨道；图（b）所示是国内最常用的固定方法，装配方便，但拆卸麻烦；图（c）、（d）所示适用于工作级别 M6、M7 和 M8 的机构；图（e）、（f）所示为采用螺钉连接，用于底部不易上螺栓的结构；图（g）所示是在轨道底部铺垫厚 3～6mm 的橡胶，可减少冲击；图（h）所示是环形轨道的固定方式；图（i）所示是采用钩形螺杆将轨道固定于起重机梁上的方式。

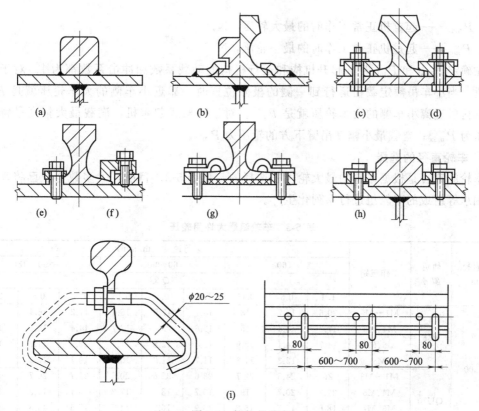

图 5-8　钢轨的固定

第三节　车轮和轨道的设计及选用

一、车轮的设计

按照车轮踏面与轨道顶部形状的不同，其接触处可能是一直线（实际是矩形面积），称为点接触，如图5-9（a）所示。线接触的受力情况较好，但往往由于机架变形和安装偏差等因素，使线接触应力分布不尽如人意，因而在起重机的运行机构中常常采用点接触结构，见图5-9（b）。

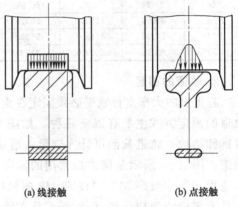

(a) 线接触　　　　　(b) 点接触

图 5-9　车轮与踏面的接触

1. 车轮的计算载荷

起重机车轮所承受的载荷与运行机构传动系统的载荷无关，可直接根据起重机外载荷的平衡条件求得。车轮的疲劳计算载荷 P_c 可由起重机的最大轮压和最小轮压来确定。GB/T 3811—2008《起重机设计规范》规定，P_c 的计算式如下：

$$P_c = \frac{2P_{max} + P_{min}}{3}$$

式中　P_{max}——起重机正常工作时的最大轮压，N；

P_{min}——起重机正常工作时的最小轮压，N。

在确定 P_{max} 和 P_{min} 时，起升机构和运行机构的动载系数和冲击系数都为1。对于桥式起重机，当小车吊额定载荷运行到一侧的极限位置时，靠近小车侧的大车轮压就是 P_{max}；卸下载荷后远离小车侧的大车轮压就是 P_{min}。对于臂架式起重机，满载最大幅度吊臂下方的轮压为 P_{max}；空载最小幅度吊臂下方的轮压为 P_{min}。

2. 车轮直径的选择

车轮的直径是根据车轮的最大轮压来选择的，见表5-3。目前，大多数企业已将车轮及配套轴承等组成的车轮组进行系列化生产。

表 5-3　车轮组最大许用轮压　　　　　　　　　　　　　　　　　　t

车轮直径 /mm	轨道型号	工作级别	运行速度/(m/min)								
			<60			60～90			>90～180		
			Q/G								
			1.1	0.5	0.15	1.1	0.5	0.15	1.1	0.5	0.15
大车轮	P38	M1～M3	20.6	19.7	18	18.7	17.9	16.4	17.2	16.4	15
		M4、M5	17.2	16.4	15	15.6	15	13.7	14.4	13.7	12.5
		M6、M7	14.7	14.1	12.9	13.4	12.8	11.7	12.3	11.7	10.7
		M8	12.9	12.3	11.3	11.7	11.2	10.3	10.7	10.3	9.4
	500										
	QU70	M1～M3	26	24.3	22.7	23.6	22.6	20.6	21.7	20.7	19
		M4、M5	21.7	20.7	19	19.7	18.9	17.2	18.1	17.3	15.9
		M6、M7	18.6	17.7	16.2	16.9	16.2	14.7	15.5	14.8	13.6
		M8	16.3	15.5	14.2	14.8	14.1	12.9	13.6	12.9	11.6

续表

车轮直径/mm		轨道型号	工作级别	运行速度/(m/min)								
				<60			60～90			>90～180		
				Q/G								
				1.1	0.5	0.15	1.1	0.5	0.15	1.1	0.5	0.15
大车轮	600	P38 P43	M1～M3	24.6	23.5	21.5	22.4	21.4	19.5	20.6	19.6	18
			M4、M5	20.6	19.6	18	19.7	17.8	16.3	17.2	16.4	15
			M6、M7	17.6	16.8	15.4	16	15.3	14	14.7	14	12.9
			M8	15.4	14.7	13.4	14	13.4	12.2	12.9	12.3	11.3
		QU70	M1～M3	32	30.5	27.9	29.2	27.8	25.4	26.7	25.5	23.3
			M4、M5	26.7	25.5	23.3	24.4	23.2	21.2	22.3	21.3	19.4
			M6、M7	22.9	21.8	19.9	20.9	19.9	18.1	19.1	18.2	16.7
			M8	20	19.1	17.4	18.3	17.4	15.8	16.7	15.9	14.0
	700	P43	M1～M3	28	26.8	24.5	25.5	24.4	22.3	23.4	22.4	20.4
			M4、M5	23.4	22.4	20.4	21.3	20.4	18.6	19.5	18.7	17
			M6、M7	20	19.2	17.5	18.3	17.4	15.9	16.7	16	14.6
			M8	17.5	16.7	15.3	15.9	15.2	13.9	14.6	14	12.7
		QU70	M1～M3	38.6	36.8	33.6	35.2	33.5	30.6	32.2	30.7	28
			M4、M5	32.2	30.7	28	29.4	28	25.6	26.9	25.6	23.4
			M6、M7	27.6	26.3	24	25.2	24	21.9	23	22	20
			M8	24.2	23	21	22	21	19.1	20.1	19.2	17.5
	800	QU70	M1～M3	43.7	41.7	38.1	39.8	38	34.7	36.4	34.8	31.8
			M4、M5	36.4	34.8	31.8	33.2	31.7	29	30.4	29	26.6
			M6、M7	31.2	29.8	27.2	28.4	27.2	24.8	26	24.9	22.7
			M8	27.3	26.1	23.8	24.9	23.8	21.7	22.8	21.8	19.8
	900	QU80	M1～M3	50.5	48.1	44	46	43.7	40	42.2	40.2	36.8
			M4、M5	42.2	40.2	36.8	38.4	36.5	33.4	35.2	33.6	30.7
			M6、M7	36.1	34.4	31.5	32.9	31.2	28.6	30.2	28.8	26.3
			M8	31.6	30.1	27.5	28.8	27.3	25	26.4	25.1	23

车轮直径/mm		轨道型号	工作级别	运行速度/(m/min)						
				<60		60～90		>90～180	>180	
				Q/G						
				≥1.6	0.9	≥1.6	0.9	≥1.6	0.9	≥1.6	0.9
小车轮	250	P11	M1～M3	3.3	3.09	2.91	2.81	2.67	2.58	2.46	2.34
			M4、M5	2.67	2.58	2.43	2.34	2.23	2.15	2.5	1.98
			M6、M7	2.38	2.21	2.08	2.01	1.91	1.84	1.76	1.7
			M8	2	1.93	1.82	1.76	1.67	1.61	1.54	1.48
	350	P18	M1～M3	4.18	4.03	3.8	3.66	3.49	3.36	3.22	3.1
			M4、M5	3.49	3.36	3.17	3.06	2.91	2.8	2.68	2.59
			M6、M7	2.99	2.88	2.72	2.62	2.5	2.4	3.2	2.22
			M8	2.61	2.52	2.38	2.29	2.18	2.1	2.01	1.94
		P24	M1～M3	14.1	13.5	12.8	12.3	11.8	11.3	10.9	10.4
			M4、M5	11.8	11.3	10.7	10.3	9.85	9.45	9.1	8.7
			M6、M7	10.1	9.65	9.15	8.8	8.45	8.1	7.8	7.45
			M8	8.8	8.45	8	7.7	7.4	7.06	6.8	6.5
	400	P38	M1～M3	16	15.4	14.6	14	13.4	12.8	12.3	11.85
			M4、M5	13.4	15.8	11.7	11.2	12.1	10.7	10.3	9.9
			M6、M7	11.4	11	10.4	10	9.6	9.15	8.8	8.5
			M8	10	9.6	9.15	8.75	8.4	8	7.7	7.4
	500	P43	M1～M3	19.8	19.1	18	17.4	16.5	15.9	15.2	14.7
			M4、M5	16.5	15.9	15	14.5	13.8	13.3	12.7	12.25
			M6、M7	14.15	13.7	12.9	12.45	11.8	11.4	10.9	10.5
			M8	12.4	11.9	11.25	10.9	10.3	9.95	9.5	9.2

注: 1. 此表数值是按车轮材料 ZG310-570、320HB 算出的。若车轮材料用 ZG50MnMo,车轮轴用 45 钢、硬度为 228～255HB 时,最大许用轮压可以提高 20%。

2. 表中 Q 为起重机起重量;G 为起重机自重。

3. 车轮踏面接触强度的验算

按赫兹公式验算接触疲劳强度。

（1）线接触的允许轮压

$$P_c \leqslant K_1 DLC_1 C_2 \quad (N)$$

式中 K_1——与材料有关的许用线接触应力常数，钢制车轮的 K_1 按表 5-4 选取；

      D——车轮直径，mm；

      L——车轮与轨道有效接触长度，mm；

      C_1——转速系数，按表 5-5 选取；

      C_2——工作级别系数，按表 5-6 选取。

表 5-4   系数 K_1、K_2

σ_b/MPa	K_1	K_2
500	3.8	0.053
600	5.6	0.1
650	6.0	0.132
700	6.8	0.181
800	7.2	0.245

注：1. σ_b 为材料的抗拉强度。

2. 钢制车轮一般应热处理，踏面硬度推荐为 300～380HB，淬火层深度为 15mm～20mm，在确定许用的 K_1、K_2 值时，取材料未经热处理时的 σ_b。

3. 当车轮材料采用球墨铸铁时，$\sigma_b \geqslant 500$MPa 的材料，K_1、K_2 值按 $\sigma_b = 500$MPa 选取。

表 5-5   系数 C_1

车轮转速/(r/min)	C_1	车轮转速/(r/min)	C_1	车轮转速/(r/min)	C_1
200	0.66	50	0.94	16	1.09
160	0.72	45	0.96	14	1.1
125	0.77	40	0.97	12.5	1.11
112	0.79	35.5	0.99	11.2	1.12
100	0.82	31.5	1.00	10	1.13
90	0.84	28	1.02	8	1.14
80	0.87	25	1.03	6.3	1.15
71	0.89	22.4	1.04	5.6	1.16
63	0.91	20	1.06	5	1.17
56	0.92	18	1.07		

表 5-6   系数 C_2

运行机构工作级别	C_2
M1～M3	1.25
M4	1.12
M5	1.00
M6	0.9
M7、M8	0.8

（2）点接触的允许轮压

$$P_c \leqslant K_2 \frac{R^2}{m^3} C_1 C_2$$

式中　K_2——与材料有关的许用线接触应力常数，钢制车轮的 K_2 按表 5-4 选取；

　　　R——曲率半径，mm，取车轮曲率半径与轨面曲率半径中的大值；

　　　m——由轨道顶面与车轮的曲率半径之比（r/R）所确定的系数，按表 5-7 选取。

表 5-7　系数 m

r/R	1.0	0.9	0.8	0.7	0.6	0.5	0.4	0.3
m	0.388	0.400	0.420	0.440	0.468	0.490	0.536	0.600

注：1. r/R 为其他值时，m 值用内插法计算。

2. r 为接触面曲率半径的小值。

二、轨道的选用

起重机钢轨的选用主要根据车轮直径进行选择，见表 5-8。

表 5-8　钢轨的选用　　　　　　　　　　　　　　　　　　　　　mm

车轮直径	200	300	400	500	600	700	800	900
起重机轨道						QU70	QU70	QU80
铁路轨道	P15	P18	P24	P38	P38	P43	P43	P50
方钢	40	50	60	80	80	90	90	100

思　考　题

1. 起重机车轮的踏面有哪些种类？各有何应用？

2. 车轮在起重机上的组装方式有哪两种？

3. 结合常见起重机试分析车轮的最大和最小轮压是如何计算的。

第六章

驱动与传动装置

　　起重机的驱动与传动装置主要有电动机、减速器、联轴器和浮动轴等零部件，掌握这些零部件的特点和分类是进行起重机设计的必备能力。

第一节　电动机

一、电动机结构形式的选择

　　(1) 安装方式

　　电动机的安装方式分为卧式和立式。卧式电动机的转轴安装后处于水平位置，立式的转轴安装后则处于垂直地面的位置。两种类型的电动机使用的轴承不同，立式的价格稍高，一般情况下用卧式的。

　　(2) 轴伸个数

　　伸出到端盖外面与负载连接的转轴部分，称为轴伸。电动机有单轴伸与双轴伸两种类型，多数情况下用单轴伸，特殊情况下用双轴伸。如需一边安装测速发电机，一边拖动生产机械，则要选用双轴伸电动机。

　　(3) 防护方式

　　电动机按防护方式可分为开启式、防护式、封闭式和防爆式等几种。

　　① 开启式：开启式电动机定子两侧和端盖上有很大的通风口，价格便宜，散热条件良好，但灰尘、水滴、铁屑等物质容易侵入，从而影响电动机正常工作；此类电动机适用于干燥和清洁的环境条件，如电梯拖动用电动机等。

　　② 防护式：防护式电动机的通风孔在电动机机壳的下部，通风冷却条件好，可防止水滴、铁屑等杂物从垂直方向或小于 45°的方向落入电动机内部，但不能防止灰尘和潮气侵入；适用于比较干燥、灰尘不多、无腐蚀性和爆炸性气体的场所，是目前工业上广泛应用的电动机类型。

　　③ 封闭式：封闭式电动机可以有效地防止灰尘、水滴、铁屑等杂物进入电动机内部；此类电动机适用于尘土多、潮湿、火灾隐患多和有腐蚀性气体的地方，如纺织厂、碾米厂、水泥厂、铸造厂等。

　　④ 防爆式：防爆式电动机是在封闭式结构基础上制成的隔爆型电动机，适用于有易燃、

易爆气体的场所，如油库、煤气站及瓦斯矿井等。

二、电动机种类的选择

电动机种类选择原则是在满足生产机械技术性能前提下，优先选用结构简单、工作可靠、价格便宜、维修方便、运行经济的电动机。

1. 电动机的性能选用

① 电动机的力学特性：各种生产机械具有不同的转矩转速关系，要求电动机的力学特性与之相适应，如负载变化时要求转速恒定不变的，应选择同步电动机；要求启动转矩大及特性软的电车、电气机车等，则应选用串励或复励直流电动机。

② 电动机的调速性能：电动机的调速性能包括调速范围、调速的平滑性、调速系统的经济性等都应满足生产机械的要求，如调速性能要求不高的机床、水泵、通风机多选用三相笼型异步电动机；调速范围较大、要求平滑调速的精密车床、造纸机等多选用他励直流电动机和绕线式异步电动机。

③ 电动机的启动性能：启动转矩要求不高的，优先采用异步电动机；启、制动频繁，且启动、制动转矩要求较大的生产机械如矿井提升机、起重机等，可选用绕线式异步电动机。

④ 电源：交流电源比较方便，直流电源一般需要有整流设备。

2. 电动机的额定转速

当生产机械所需额定转速一定时，电动机的转速越高，传动机构速度比越大，传动机构就越复杂，而且传动损耗也越大。所以选择电动机的额定转速时，必须全面考虑，力求损耗少、设备投资少、易维护等。通常电动机额定转速选在 $750\sim1500\text{r/min}$ 比较合适。不需调速的高、中速机械，如泵、鼓风机、压缩机等，可选相应额定转速的电动机；调速要求不高的生产机械，可选用转速稍高的电动机配以减速机构或选多级电动机；调速要求高的生产机械，应考虑生产机械最高转速与电动机最高转速相适应，直接用电气调速。

3. 电动机的额定功率选择

电动机额定功率的选择是一个很重要的问题，应在满足生产机械负载要求的前提下，最经济合理地选择电动机的功率。若功率选得过大，则不但设备成本增大，造成浪费，而且电动机经常欠载运行，效率及电动机的功率因数较低；反之，若功率选得过低，则电动机将过载运行，造成电动机过早损坏，影响使用寿命。

(1) 正确选择电动机功率的原则

① 电动机应能胜任生产机械的负载所需的启动转矩。

② 电动机在工作时，其发热应接近但不得超过其许可的工作温度。

③ 电动机应有一定的过载能力，以保证在短时过载情况下能正常工作。其中，过载能力是指电动机负载运行时，可以在短时间内出现的电流或转矩过载的允许倍数，不同类型的电动机不完全一样。

(2) 电动机的工作制 电动机的工作制是对电动机承受负载情况进行的说明，它包括启动、制动、空载、断能停转以及这些阶段的持续时间和先后顺序。电动机的工作制分为 S1～S10 共 10 类，它的代表工作制分为以下三种类型：

连续工作制：在恒定负载下的运行时间足以达到热稳定。

短时工作制：在恒定负载下按给定的时间运行，该时间不足以达到热稳定，随之即断能停转足够时间，使电机再度冷却到与冷却介质温度之差在 2K 以内。

断续周期工作制：按一系列相同的工作周期运行，每一周期包括一段恒定负载运行时间和一段断能停转时间。这种工作制中的每一周期的启动电流不致对温升产生显著影响；断续周期工作制为 S3～S5，通常以 S3 工作制作为基准工作制。

（3）电动机不同工作制下的额定功率 电动机工作时，负载持续的时间长短对电动机的发热情况影响很大，因而也对电动机功率的选择有很大影响。按电动机的三种代表工作制，分析电动机发热与额定功率的关系。

电动机功率选择是在环境温度为 40℃ 及标准散热条件下，且电动机不调速的前提下进行的：

① 连续工作制。

连续工作制时，由于电动机工作时间 $t_\tau>(3\sim4)T_\theta$，因此温升可以达到稳态值。其简化的负载图 $P=f(t)$ 及温升曲线 $\tau=f(t)$ 如图 6-1 所示。属于此类工作方式的生产机械有水泵、通风机、纺织机等。

为了充分利用电动机，要求电动机长期负载运行后达到的稳定温升等于电动机的允许温升，一般就取稳态温升 τ_L 等于允许温升 τ_{max} 时的输出功率作为电动机的额定功率。

在连续工作情况下，如果电动机的负载是恒定的或变化很小，则选择电动机的额定功率 P_N 等于或略大于负载功率 P_L，即 $P_N \geqslant P_L$，P_L 是依据具体生产负载及效率进行计算的，可查阅相关机械设计手册。

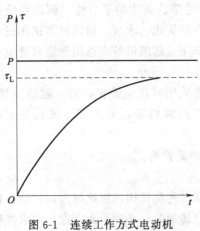

图 6-1 连续工作方式电动机的负载与温升

因为这种情况本身已考虑到发热温升，所以不必再校核电动机的发热问题，只需校核过载能力，必要时需校核启动能力。

② 短时工作制。

短时工作制时，由于工作时间 $t_\tau<(3\sim4)T_\theta$，而停歇时间 $t_0>(3\sim4)T_\theta$，因此温升达不到稳态值 τ_L，而停歇时电动机的温度足以降至周围环境温度，即温升降为零。如钻床的夹紧、放松装置，水闸闸门启闭机等均属此种工作方式。其负载和温升曲线如图 6-2 所示。

在短时工作方式下，电动机的工作时间较短，可能运行期间温度未达到稳定值，电动机就停止了运行，使电动机的温度很快降到环境温度。为了满足生产机械短时工作，电动机生产厂家制造了一些短时工作且过载能力强的电动机，其标准工作时间有 15min、30min、60min 和 90min 四种，只要设备工作时间满足要求，则只需满足电动机 P_N 等于或略大于负载功率 P_L 即可，且不需热校核。

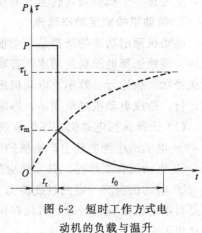

图 6-2 短时工作方式电动机的负载与温升

③ 周期性断续工作制。

周期性断续工作制时，由于工作与停歇相互交替进行，如图 6-3 所示，两者时间都比较短，即工作时间 $t_\tau<(3\sim4)T_\theta$，停歇时间 $t_0<(3\sim4)T_\theta$，因此工作时温升达不到稳态值，

停歇时温升降不到零。如起重机、电梯等均属此类工作方式。其负载和温升曲线如图 6-3 所示。在周期性断续工作制中，额定负载时间与整个周期之比称为负载持续率，用 JC％表示，有 15％、25％、40％和 60％四种，一个周期的时间不大于 10min。当 JC％＜10％时，按短期工作制选择；当 JC％＞70％时，按持续工作方式选择。

在周期性断续工作制中，需要根据电动机 P_N 大于负载功率 P_L 进行初选电动机，还必须对电机的容量进行过载校验和发热校验。

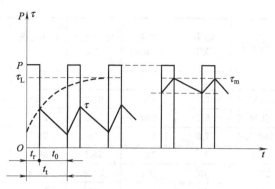

图 6-3 周期性继续工作方式电动机的负载与温升

三、起重机械选用电动机的特点

在起重机械等类似设备的专用产品中，YZ 和 YZR 系列电动机应用广泛，其中，YZR 系列电动机为绕线转子电动机，YZ 系列电动机为鼠笼转子电动机，这两类电动机具有较大的过载能力和较高的机械强度，适用于短时或断续运转、频繁启动和制动、有过载或有显著振动与冲击的工作状况，基准工作制为 S3-40％（即工作制为 S3，基准负载持续率为 40％，每个工作周期为 10min）。相关技术数据可参考表 6-1 和表 6-2。

表 6-1 YZ 电动机技术数据（S3-40％）

机座号	功率/kW	转速/(r/min)	定子电流/A	转子电流/A	最大转矩倍数	功率因数 cosφ	效率/%	转子转动惯量/kg·m²	质量/kg
1000r/min									
YZ112M-6	1.5	902	4.1	155	2.7	0.774	71.7	0.022	58
132M1-6	2.2	935	6	161	2.8	0.724	76.87	0.056	80
132M2-6	3.7	930	9.8	185	2.6	0.733	78.4	0.062	91.5
160M1-6	5.5	955	12.4	220	2.6	0.835	73	0.114	118.5
160M2-6	7.5	930	16.5	222	2.9	0.853	80.6	0.143	131.5
160L-6	11	930	24.4	253	2.9	0.836	82	0.192	152
750r/min									
YZ160L-8	7.5	705	19	210	2.7	0.734	81.9	0.192	152
180L-8	11	710	25.6	329	2.9	0.814	80	0.352	205
200L-8	15	700	33.2	362	2.8	0.805	85	0.622	276
225M-8	22	695	47	405	2.8	0.836	87	0.820	347
250M1-8	30	690	63.6	432	2.6	0.842	84.96	1.432	462

表 6-2 YZR 电动机技术数据（S3-40％）

机座号	功率/kW	转速/(r/min)	定子电流/A	转子电流/A	最大转矩倍数	功率因数 cosφ	效率/%	转子转动惯量/kg·m²	质量/kg
1000r/min									
YZR112M-6	1.5	866	4.8	11.2	2.2	0.76	62.1	0.03	73.5
132M1-6	2.2	908	6	11.5	2.9	0.76	73.7	0.06	96.5

机座号	功率/kW	转速/(r/min)	定子电流/A	转子电流/A	最大转矩倍数	功率因数 cosφ	效率/%	转子转动惯量/kg·m²	质量/kg
1000r/min									
132M2-6	3.7	908	9.12	12.8	2.5	0.78	79	0.07	107.5
160M1-6	5.5	930	14.9	27.5	2.6	0.77	78	0.12	153.5
160N2-6	7.5	940	18	26.5	2.8	0.79	79.6	0.15	159.5
160L-6	11	945	25.5	28.6	2.5	0.82	80	0.20	174
180L-6	15	962	32.8	44.4	3.2	0.834	83.4	0.39	230
200L-6	22	964	48	68.0	2.63	0.787	86.0	0.67	390
225M-6	30	962	63	74.4	2.97	0.83	87.3	0.84	398
250M1-6	37	960	70.4	93	3.1	0.89	89.4	1.52	512
250M2-6	45	965	77.5	95.4	3.5	0.839	86.6	1.78	559
280S-6	55	969	101	119.8	3	0.91	90.2	2.35	746.5
280M-6	75	970	138.6	122.8	3.2	0.905	90.9	2.86	840

第二节　减速器

一、起重机用减速器的特点

起重机的起升、运行、回转和电动臂架变幅机构中都要使用减速器。各个机构的共同特点是周期性工作,承受间歇性载荷。起升机构和电动非平衡臂架变幅机构使用的减速器,齿轮单面受力,运行机构和回转机构的减速器双面受力,而且启动制动时的惯性力较大。

在安装方式方面,起重机的起升机构中往往采用中心高度小、重量轻的卧式平行轴减速器。减速器的输入轴和输出轴在箱体的同一侧,为了保证电动机和卷筒之间有一定的间距,减速器的中心距不能太小。由于卷筒的一端直接支撑在减速器输出轴的轴端上,因此要求输出轴端能承受较大的径向力。起重机的运行机构则通常采用立式安装的减速器,近年来随着轻量化发展和出于维护方便的考虑,多采用三合一式安装的减速器。

在精度方面,齿轮精度多采用 GB/T 10095.1—2001 中的 8-8-7 级或 8-7-7 级,以滚齿或剃齿为最终加工工序。渗碳、磨齿应选 6~7 级精度,齿轮为中硬齿面和硬齿面。

二、QJ 型减速器的特点

现阶段 QJ 型减速器正逐渐占据起重机行业的主流市场,这种减速器主要用于起重机的起升机构、运行机构和电动变幅机构,本节内容主要介绍 QJ 型减速器。老式减速器主要有 ZQ 型和 ZSC 型,这两种减速器是仿照前苏联 50 年代初的产品制造的,具有结构简单、成本低的特点,市场上仍有使用。

QJ 型减速器的箱体为焊接结构,自重轻,传递扭矩较大,立式和卧式减速器统一于一种结构形式,工作条件为:

① 齿轮圆周速度不大于 15m/s。

② 高速轴转速不大于 1500r/min。

③ 工作环境温度为$-25\sim45℃$。

④ 可正反两向旋转。

⑤ 输出轴瞬时最大扭矩允许为额定扭矩的 2.7 倍。

1. 基本型式

QJ 型减速器主要包括 R 型（二级）、S 型（三级）、RS 型（二级安装形式、三级速比）三种，如图 6-4 所示。

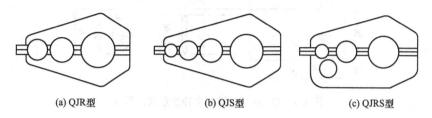

(a) QJR型　　　　　　　　(b) QJS型　　　　　　　　(c) QJRS型

图 6-4　QJ 型减速器的基本形式

2. 装配形式

减速器的输入轴和输出轴共有 9 种装配形式，如图 6-5 所示。

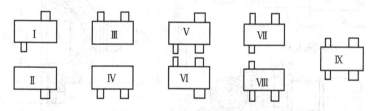

图 6-5　QJ 型减速器的装配形式

3. 三支点支撑形式

QJ 型减速器采用三支点的支撑形式，如图 6-6 所示，三个支点分别为 X、Y、Z。与传统的 ZQ 型减速器带有底座相比，QJ 型减速器底面的安装要求降低，减少了减速器底部钢结构材料的用量，适应了起重机轻量化发展的要求。

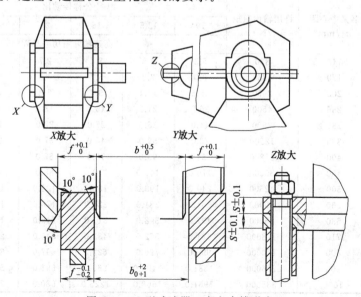

图 6-6　QJ 型减速器三支点支撑形式

4. 轴端形式

高速轴轴端采用圆柱轴伸、平键连接，如图 6-7 所示。低速轴轴端有三种形式，分别为 P 型圆柱轴伸、H 型花键轴伸和 C 型齿轮轴伸，如图 6-8 所示。QJD 型和 QJD-D 型减速器技术参数及承载能力见表 6-3。

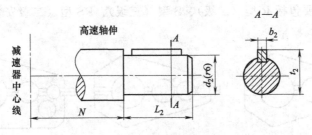

图 6-7 QJ 型减速器高速轴伸形式及尺寸

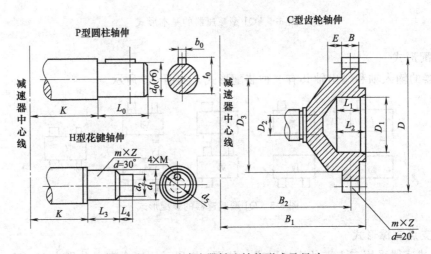

图 6-8 QJ 型减速器低速轴伸形式及尺寸

表 6-3 QJD 型和 QJD-D 型减速器技术参数及承载能力

输入轴转速 n_1/(r/min)	名义中心距 a_1/mm	许用输出扭矩 T_2/N·m	公称传动比					
			10	12.5	16	20	25	31.5
			高速轴许用功率/kW					
600	140	820	5.3	4.3	3.4	2.7	2.1	1.6
	170	1360	9.0	7.2	5.7	4.5	3.5	2.8
	200	2650	15.5	12.4	9.7	7.8	6.2	4.9
	236	4500	26.0	21.0	16.5	13.2	10.5	8.4
	280	7500	44.0	35.0	27.0	22.0	17.6	13.9
	335	12500	73.0	59.0	46.0	37.0	29.0	23.0
	400	21200	124.0	99.0	78.0	62.0	50.0	39.0
	450	30000	176.0	141.0	110.0	88.0	70.0	56.0
	500	42500	249.0	199.0	155.0	124.0	100.0	79.0
	560	60000	351.0	281.0	220.0	176.0	141.0	112.0
	630	85000	497.0	398.0	311.0	249.0	199.0	158.0
	710	118000	691.0	552.0	432.0	345.0	276.0	219.0
	800	170000	995.0	796.0	622.0	497.0	398.0	316.0
	900	236000	1381.0	1105.0	863.0	691.0	552.0	438.0
	1000	335000	1961.0	1568.0	1225.0	980.0	784.0	622.0

续表

输入轴转速 n_1/(r/min)	名义中心距 a_1/mm	许用输出扭矩 T_2/N·m	公称传动比					
			10	12.5	16	20	25	31.5
			高速轴许用功率/kW					
750	140	820	6.4	5.2	4.1	3.3	2.6	2.0
	170	1360	10.7	8.8	7.0	5.7	4.5	3.4
	200	2650	19.3	15.5	12.1	9.7	7.7	6.1
	236	4500	33.0	26.0	21.0	16.4	13.1	10.4
	280	7500	55.0	44.0	34.0	27.4	22.0	17.4
	335	12500	91.0	73.0	57.0	46.4	36.0	29.0
	400	21200	155.0	124.0	97.0	77.0	62.0	49.0
	450	30000	219.0	175.0	137.0	109.0	88.0	69.0
	500	42500	310.0	248.0	194.0	155.0	124.0	93.0
	560	60000	437.0	350.0	274.0	219.0	175.0	139.0
	630	85000	620.0	496.0	387.0	319.0	248.0	197.0
	710	118000	860.0	683.0	538.0	430.0	344.0	273.0
	800	170000	1239.0	991.0	775.0	620.0	496.0	393.0
	900	236000	1720.0	1376.0	1075.0	860.0	688.0	546.0
	1000	335000	2442.0	1954.0	1526.0	1221.0	977.0	775.0
1000	140	820	7.0	6.5	5.3	4.2	3.3	2.6
	170	1360	13.2	10.9	8.7	7.1	5.7	4.5
	200	2650	26.0	21.0	16.2	12.9	10.3	8.7
	236	4500	44.0	35.0	27.0	22.0	17.6	13.9
	280	7500	73.0	59.0	46.0	37.0	29.0	23.0
	335	12500	122.0	98.0	76.0	61.0	49.0	39.0
	400	21200	207.0	165.0	129.0	103.0	83.0	66.0
	450	30000	293.0	234.0	183.0	146.0	117.0	93.0
	500	42500	415.0	332.0	259.0	207.0	166.0	132.0
	560	60000	585.0	408.0	366.0	293.0	234.0	186.0
	630	85000	829.0	863.0	518.0	415.0	332.0	263.0
	710	118000	1151.0	921.0	719.0	576.0	460.0	365.0
	800	170000	1858.0	1327.0	1036.0	829.0	663.0	526.0
	900	236000	2302.0	1842.0	1439.0	1151.0	921.0	731.0
	1000	335000	3268.0	2614.0	2042.0	1634.0	1307.0	1037.0

三、QS 型起重用三合一减速器

QS 型起重用三合一减速器是由减速器、制动器和电动机组成一体的驱动装置，如图6-9

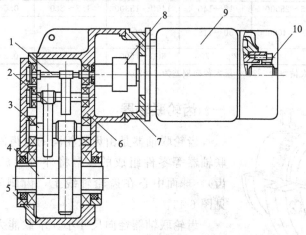

图 6-9　QS 型减速器结构图

1—高速轴总成；2—中间轴Ⅰ总成；3—中间轴Ⅱ总成；4—低速轴总成；

5—箱盖；6—箱体；7—接圈；8—联轴器；9—电机；10—制动片调节螺母

所示。减速器采用硬齿面传动，其结构形式按电动机轴中心线与减速器输出轴中心线的相对位置可分为平行轴式（QS、QSE 型）和垂直轴式（QSC 型）两种。

安装时，减速器的输出轴孔套装在车轮轴上，箱体上支撑孔吊挂在起重机的端梁上。这种安装方式与传统减速器的安装方式相比，减少了由于走台和主梁变形给齿轮啮合带来的不良影响。其整个机构体积小、重量轻、组装方便，在起重机的运行机构中得到了广泛应用，如图 6-10 所示。

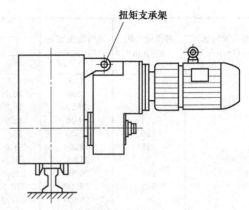

扭矩支承架

图 6-10　QS 型减速器分别驱动的安装形式

第三节　联轴器

联轴器通常是由两个半联轴器组成，主要用来连接两根同轴线布置或基本平行的转轴，传递扭矩同时补偿少许角度和径向偏移，有时还能改善传动装置的动态特性。

起重机常用的联轴器有齿轮联轴器、梅花联轴器、弹性套柱销联轴器、SWP 型十字轴式万向联轴器、YOX 型液力偶合器等。表 6-4 列出了常用联轴器的使用范围和允许偏差。

表 6-4　常用联轴器的使用范围和允许偏差　　　　　　　　　　　　　mm

联轴器名称	使用范围			允许使用的偏差		
	许用转矩/N·m	轴径	最高转速/(r/min)	轴向	径向	偏角
CL 型齿轮联轴器	710~1000000	18~560	300~3780		0.4~6.3[①]	≤30′
CLZ 型齿轮联轴器	710~1000000	18~560	300~3780		0.00873A[①]（A 为中间轴两端外齿轴套中心线间距）	≤30′
弹性套柱销联轴器	6.3~16000	9~170	800~8800		0.2~0.6	≤1°30′
梅花弹性联轴器	16~25000	12~140	1400~15300	1.2~5.0	0.5~1.8	1°~2°
SWP 型十字轴式万向联轴器	8000~400000	50~415	3300			≤12°
YOX 型液力偶合器		25~1700	600~1500		0.3~0.8	

① 采用鼓形齿时，最大偏角为 1°30′，最大径向偏差为 0.026A。

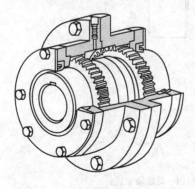

图 6-11　齿轮联轴器示意图

一、齿轮联轴器

齿轮联轴器是由齿数相同的内齿圈和带外齿的凸缘半联轴器等零件组成的，常将外齿制成球面形（也称鼓形齿），球面中心在齿轮轴线上，齿侧间隙比一般齿轮大，见图 6-11。

齿轮联轴器径向尺寸小，承载能力大，常用于低速重载工况条件的轴系传动，高精度并经动平衡的齿式联轴器可用于高速传动。

起重机中常用的齿轮联轴器主要有全齿联轴器（CL 型）和半齿联轴器（CLZ 型）。全齿联轴器的两个半联轴器都是齿轮联轴器，见图 6-12（a）。

半齿联轴器能够弥补全齿联轴器的缺陷，即补偿性能增强。半齿联轴器是由一个齿轮联轴器和一个法兰连接盘组成［图 6-12（b）］，且必须成对和浮动轴安装在一起使用，方能起到补偿作用。考虑到需要制动时，可以将法兰部分制成带有制动轮的形式，见图 6-13。半齿联轴器还具有安装检修方便、使轮压均衡的优点。

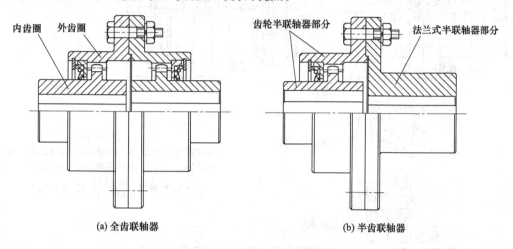

图 6-12　齿轮联轴器结构简图

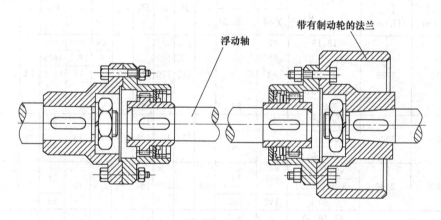

图 6-13　半齿联轴器与轴的连接

齿轮联轴器在工作时，两轴产生相对位移，内、外齿的齿面周期性作轴向相对滑动，必然形成齿面磨损和功率损耗，因此齿轮联轴器需在良好润滑和密封的状态下工作。CL 型齿轮联轴器的规格型号见表 6-5。

二、弹性套柱销联轴器

弹性套柱销联轴器是利用一端套有弹性套（橡胶材料）的柱销，装在两半联轴器凸缘孔中，以实现两半联轴器的连接，见图 6-14。弹性套柱销联轴器结构比较简单，制造容易，不用润滑，不需要与金属硫化粘接，更换弹性套方便，不用移动半联轴器，具有一定的补偿两轴相对偏移和减振缓冲的性能。表 6-6 所示为 TLL 型带制动轮弹性套柱销联轴器的基本参数和主要尺寸。

表 6-5 CL 型齿轮联轴器基本参数和主要尺寸（JB/ZQ 4218—86）　　　　mm

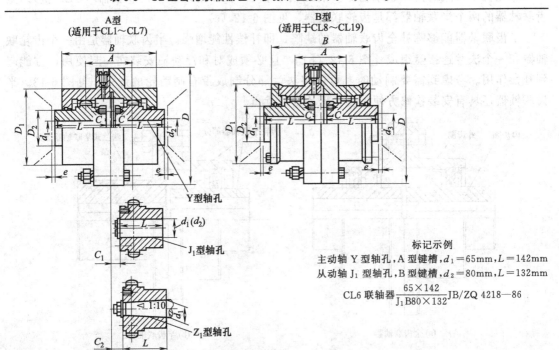

标记示例
主动轴 Y 型轴孔，A 型键槽，$d_1 = 65mm$，$L = 142mm$
从动轴 J_1 型轴孔，B 型键槽，$d_2 = 80mm$，$L = 132mm$

CL6 联轴器 $\dfrac{65 \times 142}{J_1 B80 \times 132}$JB/ZQ 4218—86

型号	许用转矩 $[T_1]$ /N·m	许用转速 $[n]$ /(r/min)	轴孔直径 d_1,d_2,d_3	轴孔长度 L		A	B	D	D_1	D_2	C	C_1	C_2	e	转动惯量 /kg·m²	质量 /kg
				Y 型	J_1、Z_1 型											
CL1	710	3780	18、19	42	30	49	106	170	110	55	16	—	—	12	0.03	7.8
			20、22、24	52	38						6	18.5	18.5			
			25、28	62	44							14	18.5			
			30、32、35、38	82	60						2.5	11	—			
			40	112	84											
CL2	1400	3000	30、32、35、38	82	60	75	134	185	125	70	2.5	13	22	12	0.05	12.5
			40、42、45	112	84								28			
			48、50													
CL3	3150	2400	40、42、45	112	84	93	170	220	150	90	2.5	15	28	18	0.13	26.9
			48、50、55、56													
			60	142	107								36			
CL4	5600	2000	45、48、50	112	84	125	200	260	175	110	2.5	21	28	18	0.21	34.9
			55、56													
			60、63、65、70	142	107							17	36			
			71、75													
CL5	8000	1680	50、55、56	112	84	145	220	290	200	130	5	30	40	25	0.45	55.8
			60、63、65、70	142	107											
			71、75													
			80、85、90	172	132											
CL6	11200	1500	60、63、65	142	107	160	246	320	230	140	5	25	—	25	0.70	79.9
			70、71、75													
			80、85、90、95	172	132											
			100、110	212	167											
CL7	18000	1270	65、70、71、75	142	107	185	286	350	260	170	5	40	40	30	1.15	109.5
			80、85、90、95	172	132							25	45			
			100、110、120	212	167											

续表

型号	许用转矩 $[T_1]$ /N·m	许用转速 $[n]$ /(r/min)	轴孔直径 d_1、d_2、d_3	轴孔长度 L Y型	J1、Z1型	A	B	D	D1	D2	C	C1	C2	e	转动惯量 /kg·m²	质量 /kg
CL8	22400	1140	80、85、90、95	172	132	210	325	380	315	190	5	35	45	30	2.33	133.8
			100、110、120	212	167							30				
			130、140	252	202											
CL9	28000	1000	90、95	172	132	220	335	430	365	210	5	40	—	30	3.56	171
			100、110、120、125	212	167											
			130、140、150	252	202							30				
			160	302	242											

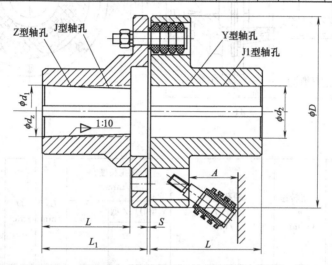

Z型轴孔　J型轴孔　Y型轴孔　J1型轴孔

1:10

ϕd_1　ϕd_z　ϕd_2　ϕD

L　S　L

L_1

A

图 6-14　LT 型弹性套柱销联轴器

表 6-6　LT 型弹性套柱销联轴器基本参数和主要尺寸（GB/T 4323—2002）

型号	原型号	公称扭矩 /N·m	许用转速 /(r/min) 钢	铁	轴孔直径 d_1、d_2、d_z/mm 铁	钢	轴孔长度/mm Y型 L	J、J1型 L	L1	D /mm	A /mm	S /mm	许用补偿量 径向 /mm	角向	质量 /kg	转动惯量 /kg·m²
LT1	TI1	6.3	6600	8800	9	9	20	14	—	71	18	3	0.2	1°30′	0.82	0.005
					10、11	10、11	25	17	—							
					12	12、14	32	20	—							
LT2	TL2	16	5500	7600	12、14	12、14	32	20	—	80	18	3	0.2	1°30′	1.20	0.0008
					16	16、18、19	42	30	42							
LT3	TL3	31.5	4700	6300	16、18、19	16、18、19	42	30	42	95	35	4	0.2	1°30′	2.20	0.0023
					20	20、22	52	38	52							
LT4	TL4	63	4200	5700	20、22、24	20、22、24	52	38	52	106	35	4	0.2	1°30′	2.84	0.0037
					—	25、28	62	44	62							
LT5	TL5	125	3600	4600	25、28	25、28	62	44	62	130	45	5	0.3	1°30′	6.05	0.012
					30、32	30、32、35	82	60	82							
LT6	TL6	250	3300	3800	30、35、38	32、35、38	82	60	82	160	45	5	0.3	1°00′	9.57	0.028
					40	40、42	112	84	112							
LT7	TL7	500	2800	3600	40、42、45	40、42、45、48	112	84	112	190	45	5	0.3	1°30′	14.01	0.055

注：1. 表中联轴器重量按轴孔的最小直径和最大长度计算。
2. 短时过载不得超过公称扭矩值的 2 倍。
3. 轴孔形式及长度 L、L_1 可根据需要选取。
4. 转动惯量为近似值。

表 6-7   LM 型梅花形弹性联轴器基本参数和主要尺寸（GB/T 5272—2002）

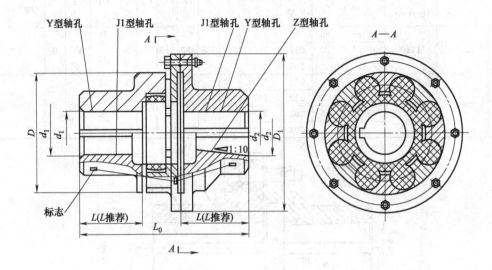

型号	公称转矩 T_a/N·m 弹性件硬度		许用转速 [n] /(r/min)	轴孔直径 d_1、d_2 /mm	轴孔长度 /mm Y 型	J1 型、Z 型		L_0 /mm	D /mm	弹性件 型号	质量 m /kg	转动 惯量 I /kg·m²
	a(HA) 80±5	b(HD) 60±5			L		$L_{推荐}$					
LM1	25	45	15300	12、14	32	27	35	86	50	MT1$_b^a$	0.66	0.0002
				16、18、19	42	30						
				20、22、24	52	38						
				25	62	44						
LM2	50	100	12000	16、18、19	42	30	38	95	60	MT2$_b^a$	0.93	0.0004
				20、22、24	52	38						
				25、28	62	44						
				30	82	60						
LM3	100	200	10900	20、22、24	52	38	40	103	70	MT3$_b^a$	1.41	0.0009
				25、28	62	44						
				30、32	82	60						
LM4	140	280	9000	22、24	52	38	45	114	85	MT4$_b^a$	2.18	0.0020
				25、28	62	44						
				30、32、35、38	82	60						
				40	112	84						
LM5	250	400	7300	25、28	62	44	50	127	105	MT5$_b^a$	3.60	0.0050
				30、32、35、38	82	60						
				40、42、45	112	84						
LM6	400	710	6100	30、32、35、38	82	60	55	143	125	MT6$_b^a$	6.07	0.0114
				40、42、45、48	112	84						
LM7	630	1120	5300	35、38	82	60	60	159	145	MT7$_b^a$	9.09	0.0232
				40、42、45、48、50、55	112	84						
LM8	1120	2240	4500	45、48、50、55、56			70	181	170	MT8$_b^a$	13.56	0.0468
				60、63、65	142	107						

表6-8　SWC-DH型短伸缩焊接式万向联轴器基本参数和主要尺寸

型号	回转直径 D/mm	公称扭矩 T_n/kN·m	轴线折角 β/(°)	疲劳扭矩 T_f/kN·m	伸缩量 L_s/mm	尺寸/mm										转动惯量 l/kg·m³		质量 G/kg	
						L_{min}	D_1(js11)	D_2(H7)	D_3	L_m	$n×d$	k	t	h(h9)	g	L_{min}	增长100mm	L_{min}	增长100mm
SWC180DH1	180	12.5	≤25	6.3	75	650	155	105	114	110	8×17	17	5	—	—	0.165		58	
SWC180DH2					55	600										0.162	0.0070	56	2.8
SWC180DH3					40	550										0.160		52	
SWC225DH1	225	40		20	85	710	196	135	152	120		20		32	9.0	0.415		95	
SWC225DH2					70	640										0.397	0.0234	92	4.9
SWC250DH1	250	63	≤15	31.5	100	795	218	150	168	140	8×19	25	6		12.5	0.900		148	
SWC250DH2					70	735										0.885	0.0277	136	5.3
SWC285DH1	285	90		45	120	950	245	170	194	160	8×21	27	7	40	15.0	1.876		229	
SWC285DH2					80	880										1.801	0.0510	221	6.3
SWC315DH1	315	125		63	130	1070	280	185	219	180	10×23	32	8			3.331		346	
SWC315DH2					90	980										3.163	0.0795	334	8.0
SWC350DH1	350	180		90	140	1170	310	210	267	194	10×23	35		50	16.0	6.215		508	
SWC350DH2					90	1070										5.824	0.2219	485	15.0
SWC390DH1	390	250		125	150	1300	345	235		215	10×25	40		70	18.0	11.125		655	
SWC390DH2					90	1200										10.763		600	

注：1. T_f—在交变负荷下按疲劳强度所允许的扭矩。
2. L_{min}—缩短后的最小长度。
3. L—安装长度，按需要确定。

三、梅花弹性联轴器

梅花弹性联轴器主要由两个带凸齿密切啮合并承受径向挤压以传递扭矩，当两轴线有相对偏移时，梅花形弹性元件发生相应的弹性变形，从而起到自动补偿作用，见图 6-15。

梅花弹性联轴器整体结构简单，径向尺寸小，重量轻，转动惯量小，无需润滑，维护方便，适用于启动频繁、正反转、中高速、中等扭矩和要求高可靠性的工作场合。梅花弹性联轴器传递的公称扭矩为 16～12500N·m，许用转速为 1400～1530r/min，允许使用的轴向偏差为 1.2～5.0mm，径向偏差为 0.5～1.5mm。表 6-7 为 LM 型梅花形弹性联轴器基本参数和主要尺寸（GB/T 5272—2002）。

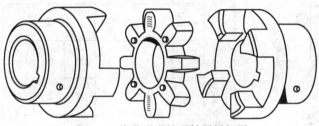

图 6-15　梅花形弹性联轴器拆解图

四、万向联轴器

万向联轴器是一种特殊的联轴器，由两个叉形零件和一个十字形零件连接而成，用于两相交轴上的可移式刚性联轴器，两轴线最大夹角可达 45°。SWP 型十字轴式万向联轴器（表 6-8）广泛应用于起重机行业中，其主要特点为：具有较大的角度补偿能力，轴线折角可达 12°，结构紧凑合理，承载能力大，所传递的扭矩更大，传动效率可达 99%，运载平稳，噪声低，装拆维护方便。

第七章

起升机构

任何起重机械都必须有使物品获得升降运动的起升机构。因此，起升机构是起重机械中最主要和最基本的机构，是起重机不可缺少的组成部分。

第一节　起升机构的组成和布置

起升机构主要由驱动装置、卷绕装置、取物装置和安全保护装置等组成。

起升机构的典型布置如下所述。

一、平行轴线布置

大多数起重机起升机构的驱动装置都采用电动机轴与卷筒轴平行布置。

1. 基本驱动形式

基本驱动形式（图7-1）的主要传动路线为：电动机驱动—联轴器（或与浮动轴）连接—减速机减速—卷筒卷绕。当起升机构用于吊运液态金属等危险物品时，需采用双制动器（图中双点画线所示）。当需要设置主副两个起升机构时，布置方式如图7-2所示。

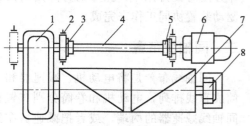

图7-1　起升机构基本驱动形式

1—减速器；2—制动器；3—带制动轮的联轴器；

4—浮动轴；5—联轴器；6—电动机；

7—卷筒；8—卷筒支座

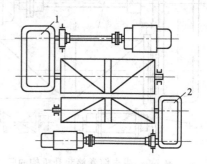

图7-2　主、副双起升机构基本驱动形式

1—主起升机构；2—副起升机构

大起重量的起升机构，由于起升速度相对较慢，减速器传动比增大，因此也可以在减速器输出端增加一级开式齿轮的方式，见图7-3。

　　上述起升机构方案中，各部件都是分别支撑，被固定在小车架上的，因此要求小车架有足够的刚度，才能保证起升机构的装配精度，此时的小车架自重较大。

　　在欧式起重机中，常将电动机直接套装在减速器上，使整个传动机构形成一个独立的整体，通过减速器的两个支撑点和卷筒支撑座的一个支撑点形成稳定支撑；此外，还可将定滑轮直接套装在卷筒上，并使卷筒直接作为小车架的主体，在两端安装行走端梁构成整个起重小车，使整个结构大为简化，见图7-4。

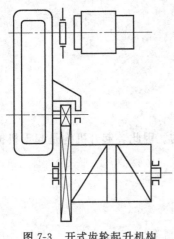

图7-3　开式齿轮起升机构

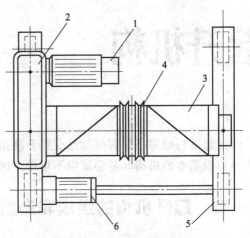

图7-4　简易型起重小车
1—带制动器的电动机；2—减速器；3—卷筒；
4—定滑轮；5—端梁；6—运行驱动装置

2. 电磁起重机

　　为了给电磁吸盘提供电源，需设电缆卷筒，其卷绕速度应与电磁吸盘提升速度相等，见图7-5。用链传动时，按图7-5中虚线所示布置。

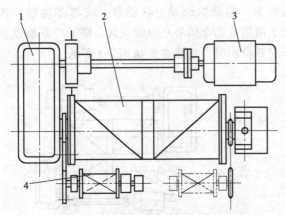

图7-5　带电缆卷筒起升机构的驱动装置
1—减速器；2—卷筒；3—电动机；4—电缆卷筒

3. 抓斗起重机

　　为了操纵四绳抓斗，常采用两套独立的起升机构，见图7-6。其中一组驱动装置的作用为开闭抓斗，另一组的作用为抓斗开闭时支持抓斗，抓斗的升降则由两组驱动装置协同工作来完成。

二、同轴线布置

　　同轴线布置是将电动机、减速器和卷筒成直线排列，电动机和卷筒分别布置在同轴线减速器的两端，或者把减速器布置在卷筒内部，见图7-7。

　　电动葫芦是一种常用的轻小型起重设备，电动机和减速器常常同轴线布置在卷筒两侧，见图7-8。

三、垂直轴线布置

　　在要求紧凑的起升机构中，也有采用蜗轮减速器的，其特点是体积小，传动比大，机构

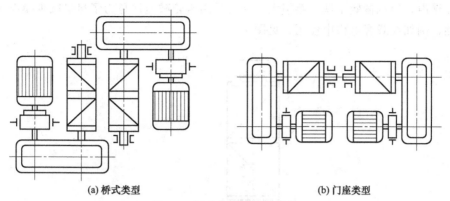

(a) 桥式类型　　　　　　　　　　(b) 门座类型

图 7-6　抓斗起重机起升机构

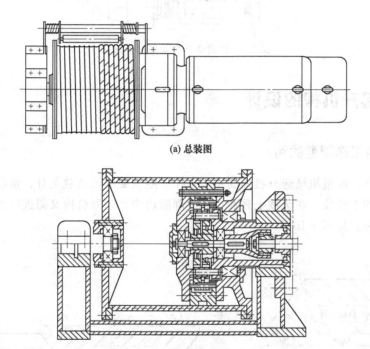

(a) 总装图

(b) 卷筒剖面图

图 7-7　同轴线布置起升机构

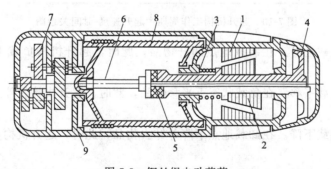

图 7-8　钢丝绳电动葫芦

1—定子；2—转子；3—弹簧；4—锥形制动器；5—联轴器；

6—动力轴；7—减速器；8—卷筒；9—外壳

紧凑，无噪声，但机械效率低，磨损大。有时采用蜗轮减速器是为了尽量减少噪声和提高传动平稳性，例如在载客电梯中使用，见图7-9。

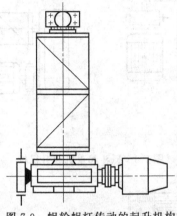

图 7-9　蜗轮蜗杆传动的起升机构

第二节　起升机构的设计

一、起升机构工作周期的特点

一般情况下，起重机械起升机构的一个工作周期主要经过负载上升、负载平移、负载下降和空载返回四个阶段。在负载上升和负载下降阶段中，起升机构又需进行启动、匀速运行和制动三个过程，见图7-10。

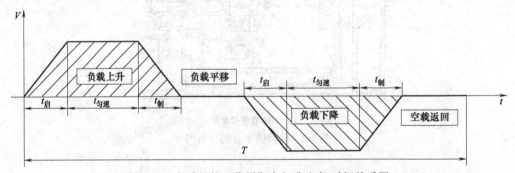

图 7-10　起升机构工作周期中起升速度-时间关系图

第一阶段：负载上升。在装载地点起升物品，此时，起升机构负载工作，运行机构不工作。

第二阶段：负载平移。在负载状态下平移物品，此时，起升机构暂停工作，运行机构或回转机构工作。

第三阶段：负载下降。在卸载地点下降并卸去物品，此时，起升机构负载下降，运行机构暂停工作。

第四阶段：空载返回。在空载状态下平移返回至装载地点，此时，起升机构暂停工作，运行机构或回转机构再次工作。

在起升机构设计中，起升机构零部件的计算和选择与力矩有关，如负载平稳上升阶段和负载上升启动阶段的力矩与电动机选择有关；而负载平稳下降和负载下降制动阶段的力矩又将决定制动器的选择。

二、起升机构的计算

起升机构的计算是在给定了设计基本参数，确定机构布置方案后进行的。通过计算，选用机构中所需要的标准部件，如钢丝绳、电动机、减速器、制动器、联轴器等，对于非标准零部件则需要做进一步的强度与刚度计算。

1. 钢丝绳的计算

选用钢丝绳需要首先计算钢丝绳承受的最大静拉力 S_{max}，即在吊取额定起重量时钢丝绳的静拉力，计算如下：

采用单联滑轮组时：
$$S_{max} = \frac{P_Q + G_0}{m \eta_h} \tag{7-1}$$

采用双联滑轮组时：
$$S_{max} = \frac{P_Q + G_0}{2m \eta_h} \tag{7-2}$$

式中　G_0——取物装置自重，N，当起升高度大于 50m 时，起升钢丝绳重力亦应计入；

m——滑轮组倍率；

η_h——滑轮组效率；

P_Q——额定起升载荷，N，$P_Q = Qg \approx 10Q$；

Q——额定起重量，kg。

2. 卷筒的计算

单层卷绕卷筒转速 n_t 为：

$$n_t = \frac{60mv}{\pi D_0} \quad (r/min) \tag{7-3}$$

式中　m——滑轮组倍率；

v——起升速度，m/s；

D_0——卷筒卷绕直径，m，$D_0 = D + d$；

D——卷筒槽底的直径，mm；

d——钢丝绳直径，mm。

卷筒的直径等计算与校核见第二章第三节的相关内容。

3. 选择电动机

（1）计算电动机的静功率

电动机的静功率是指电动机在作平稳运动时的功率，即起重设备匀速运动时所消耗的功率。

$$p_j = \frac{(P_Q + G_0)v}{1000\eta} \quad (kW) \tag{7-4}$$

式中　P_Q——额定起升载荷，N；

G_0——取物装置自重，N；

v——起升速度，m/s；

η——机构总效率，包括卷筒、传动机构、动滑轮等的机械效率，η 一般取 0.8~0.85。

(2) 初选电动机

考虑起重机的类型、用途、机构工作级别和作业特点以及电动机的工作特征，同时为了满足电动机启动和不过热要求，按满载起升计算所得的静功率应乘以稳态负载平均系数 G，由此得到稳态平均功率 P_s，再按此功率选择接电持续率 JC 值和启动次数 CZ 值一致的电动机功率（参考值见表7-1）所选电动机额定功率为 P_n。

$$P_s = GP_j \tag{7-5}$$

表 7-1 起升机构的 JC 值、CZ 值和 G 值

起重机型式		用途	主起升机构			副起升机构		
			JC%	CZ	G	JC%	CZ	G
桥式起重机	吊钩式	电站安装检修用	15	150	G_1	15	150	G_1
		车间、仓库用	25	150	G_2	25	150	G_2
		繁忙工作场合	40	300	G_2	25	150	G_2
	抓斗式	间断装卸用	40	450	G_2	—	—	—
门式起重机	吊钩式	一般用途	25	150	G_2	25	150	G_2

注：$G_1 = 0.7$；$G_2 = 0.8$。

(3) 电动机过载能力校验

起升机构电动机过载能力按式（7-6）进行校验：

$$P_n \geqslant \frac{H}{\mu \lambda_m} \times \frac{(P_Q + G_0)v}{1000\eta} = \frac{H}{m\lambda_m} \cdot P_j \tag{7-6}$$

式中　P_n——在基准接电持续率时的电动机额定功率，kW；

　　　　m——电动机台数；

　　　　λ_m——P_n 时电动机最大转矩倍数；

　　　　η——机构总效率，包括卷筒、传动机构、动滑轮等的机械效率，η 一般取 0.8～0.85；

　　　　H——考虑电压降及转矩允差以及静载实验超载（实验载荷为额定的 1.25 倍）的系数，绕线异步电动机取 2.1，笼型异步电动机取 2.2，直流电动机取 1.4。

(4) 电动机发热能力验算

满足式（7-7）时，则发热校验合格：

$$P_n \geqslant P_s \tag{7-7}$$

4. 选择减速器

(1) 计算减速器传动比

起升机构传动比　　　　　$i_0 = \dfrac{n}{n_t} \tag{7-8}$

式中　n——电动机额定转速，r/min；

　　　　n_t——卷筒转速，r/min。

按所采用的传动方案考虑传动比分配，选用标准减速器或进行减速装置的设计，根据 i_0 选定出实际传动比 i。

(2) 标准减速器的选用

选用标准型号的减速器时，一般情况下，可根据传动比、输入轴的转速、工作级别和电动机的额定功率来选择减速器的具体型号，并使减速器的许用功率 $[P]$ 满足式（7-9）：

$$[P] \geqslant KP_n \quad (\text{kW}) \tag{7-9}$$

式中 K——选用系数，根据减速器的型号和使用场合确定；

P_n——在基准接电持续率时的电动机额定功率，kW。

许多标准减速器有特定的 K 值选用方法，QJ 型起重机减速器用于起升机构的 K 值计算方法为：

$$[P] \geqslant \frac{1}{2}(1+\varphi_2) \times 1.12^{(I-5)} P_n \quad (\text{kW}) \tag{7-10}$$

式中 φ_2——起升动载系数（起升或下降时，对承载结构产生附加的动载荷作用），见表 7-2；

I——机构工作级别，$I=1\sim8$。

表 7-2 起升动载系数 φ_2

起重机类别	φ_2 的计算式	适用的例子
1	$1+0.17v$	作安装用、使用轻闲的臂架类起重机
2	$1+0.35v$	作安装用的桥架类起重机，作一般装卸用的吊钩式臂架类起重机
3	$1+0.70v$	在机加车间和仓库中用的吊钩桥式起重机、港口抓斗门座起重机
4	$1+1.00v$	抓斗和电磁桥架类起重机

注：v 为额定起升速度，m/s。

(3) 减速器的验算

减速器输出轴通过齿轮连接盘与卷筒相连时，输出轴及其轴端承受较大的短暂作用的扭矩和径向力，一般还需对此进行验算。

轴端最大径向力 F_{max} 按式 (7-11) 校验：

$$F_{max} = \varphi_2 S_{max} + \frac{G_t}{2} \leqslant [F] \quad (\text{N}) \tag{7-11}$$

式中 φ_2——起升动载系数，见表 7-2；

S_{max}——钢丝绳最大静拉力，N；

G_t——卷筒重力，N；

$[F]$——减速器输出轴端的允许最大径向载荷，N，见表 7-3。

表 7-3 减速器输出轴端最大允许径向载荷 N

名义中心距/mm		140	170	200	236	280	335	400	450
最大允许径向载荷	QJR 型	5000	7000	9000	15000	21000	28000	35000	55000
	QJS 型 QJRS 型	5000	8000	10000	18000	30000	37000	55000	64000

名义中心距/mm		500	560	630	710	800	900	1000
最大允许径向载荷	QJR 型	60000	75000	100000	107000	120000	150000	200000
	QJS 型 QJRS 型	93000	120000	150000	170000	200000	240000	270000

基于起升机构载荷的特点，减速器输出轴承受的短暂最大扭矩应满足式 (7-12)

$$T_{max} = \varphi_2 T \leqslant [T] \quad (\text{N} \cdot \text{m}) \tag{7-12}$$

式中 T——钢丝绳最大静拉力在卷筒上产生的扭矩，N·m；

φ_2——起升动载系数；

[T]——减速器输出轴允许的短暂最大扭矩，可由产品目录查得。

5. 选择制动器

制动器是保证起重机安全的重要部件，起升机构的每一套独立的驱动装置至少要装设一个支持制动器。对于吊运液态金属及其他危险物品的起升机构，每套独立的驱动装置至少应有两个支持制动器。支持制动器应是常闭式的，制动轮必须装在与传动机构刚性连接的轴上。起升机构制动器的制动转矩必须大于由货物产生的静转矩，在货物处于悬吊状态时具有足够的安全裕度，制动转矩应满足式（7-13）：

$$T_z \geqslant K_z \frac{(P_Q + G_0)D_0 \eta}{2mi} \quad (\text{N} \cdot \text{m}) \tag{7-13}$$

式中　T_z——制动器制动转矩，$\text{N} \cdot \text{m}$；

　　　K_z——制动安全系数，与机构重要程度和机构工作级别有关，见表 7-4；

　　　P_Q——额定起升载荷，N；

　　　G_0——吊具自重，N；

　　　D_0——卷筒卷绕直径，m；

　　　η——起升机构总效率；

　　　m——滑轮组倍率；

　　　i——传动机构传动比。

表 7-4　制动安全系数 K_z

起升机构工作级别和使用场合		K_z
M1～M4 起升机构和一般起升机构		1.5
M5、M6 起升机构和重要起升机构		1.75
M7 起升机构		2
M8 起升机构		2.5
吊运液态金属或危险品的起升机构	在一套驱动装置中装两个支持制动器	≥1.25
	两套驱动装置，刚性相连，每套装置各装一个支持制动器	1.25
	两套以上驱动装置，刚性相连，每套装置装有两个支持制动器	≥1.1
液压起升机构		1.25

根据计算所得的制动转矩选择制动器，制动器的类型和规格见本书第四章第二节和第三节。

6. 选择联轴器

依据传递的扭矩、转速和被连接的轴径等参数选择联轴器的具体规格，起升机构中的联轴器应满足式（7-14）：

$$T = k_1 k_3 T_{\text{II max}} \leqslant [T] \tag{7-14}$$

式中　T——所传扭矩的计算值，$\text{N} \cdot \text{m}$；

　　　[T]——联轴器许用扭矩，$\text{N} \cdot \text{m}$；

k_1——联轴器重要程度系数，对于起升机构 $k_1=1.8$；

k_3——角度偏差系数，选用齿轮联轴器时，k_3 值见表 7-5，对于其他类型联轴器 $k_3=1$；

$T_{\mathrm{II}\,max}$——按第 II 类载荷计算的轴传最大扭矩，对于高速轴，$T_{\mathrm{II}\,max}=(0.7\sim0.8)\lambda_M T_n$，在此 λ_M 为电动机转矩允许过载倍数，T_n 为电动机额定转矩，$T_n=9550\dfrac{P_n}{n}$（N·m），P_n 为电动机额定功率（kW），n 为转速（r/min）；对于低速轴，$T_{\mathrm{II}\,max}=\varphi_2 T_j$，在此 φ_2 为起升载荷动载系数，T_j 为钢丝绳最大静拉力作用于卷筒的扭矩（N·m）。

表 7-5　系数 k_3

轴的角度偏差/(°)	0.25	0.5	1	1.5
k_3	1.0	1.25	1.5	1.75

7. 启、制动时间验算

机构启动或制动时，产生加速度引起惯性力。如果启动和制动时间过长，加速度就小，会影响起重机的生产率；如果启动和制动时间太短，加速度太大，就会给金属结构和传动部件产生很大的动载荷。因此，必须把启动和制动时间（或启动加速度与制动减速度）控制在一定的范围内。

（1）启动时间和启动平均加速度验算　启动时间：

$$t_q=\frac{n[J]}{9.55(T_q-T_j)}\leqslant[t_q]\quad(\mathrm{s})\tag{7-15}$$

式中　n——电动机额定转速，r/min；

T_q——电动机平均启动转矩，N·m，见表 7-6；

T_j——电动机静阻力矩，N·m，$T_j=\dfrac{(p_Q+G_0)D_0}{2mi\eta}$；

$[t_q]$——推荐启动时间，s，见表 7-7；

$[J]$——机构运动质量换算到电动机轴上的总转动惯量，kg·m²，$[J]=1.15(J_d+J_e)+\dfrac{QD_0^2}{40m^2i^2\eta}$

J_d——电动机转子的转动惯量，kg·m²，在电动机样本中查取，如样本中给出的是飞轮矩 GD^2，则按 $J=\dfrac{GD^2}{4g}$ 换算；

J_e——制动轮和联轴器的转动惯量，kg·m²。

表 7-6　电动机平均启动转矩 T_q

电动机形式	T_q
起重用三相交流绕线式	$(1.5\sim1.8)T_n$
起重用三相交流笼式	$(0.7\sim0.8)T_{dmax}$
并励直流电动机	$(1.7\sim1.8)T_n$
串励直流电动机	$(1.8\sim2.0)T_n$
复励直流电动机	$(1.8\sim1.9)T_n$

注：电动机实际最大转矩 $T_{dmax}=(0.7\sim0.8)\lambda_M T_n$；电动机额定转矩 $T_n=9550\dfrac{P_n}{n}$（N·m）。

表 7-7　推荐启动时间 $[t_q]$

起升机构工作特性	$[t_q]$/s
安装用起重机（$v<5\text{m/min}$）	1
中小起重量通用起重机（$v=10\sim30\text{m/min}$）	$1\sim1.5$
大起重量桥式、门式起重机（$v<6\sim8\text{m/min}$）	$4\sim6$
装卸桥（$v=30\sim60\text{m/min}$）	$1\sim1.5$
港口用门座起重机（$v=30\sim80\text{m/min}$）	$2\sim2.5$

对于中、小起重量的起重机，启动时间可短些；对于大起重量或速度高的起重机，启动时间可稍长些。启动时间是否合适，还可根据启动平均加速度来验算。

$$a_q=\frac{v}{t_q}\leqslant[a]\ (\text{m/s}^2) \tag{7-16}$$

式中　a_q——启动平均加速度，m/s^2；

　　　v——起升速度，m/s；

　　　$[a]$——平均升降加（减）速度推荐值，m/s^2，见表 7-8。

表 7-8　平均升降加（减）速度推荐值

起重机用途及种类	$[a]$/(m/s^2)
作精密安装用的起重机	0.1
吊运液态金属和危险品的起重机	0.1
一般加工车间、仓库及堆场用吊钩、电磁及抓斗起重机	0.2
港口用吊钩门座起重机	$0.4\sim0.6$
港口用抓斗门座起重机	$0.5\sim0.7$
冶金工厂中生产率高的起重机	$0.6\sim0.8$
港口用吊钩门式起重机	$0.6\sim0.8$
港口用装卸桥	$0.8\sim1.2$

（2）制动时间和制动平均减速度验算

满载下降制动时间：

$$t_z=\frac{n'[J']}{9.55(T_z-T_j')}\leqslant[t_z]\ (\text{s}) \tag{7-17}$$

式中　n'——满载下降时电动机转速，r/min，通常取 $n'=1.1n$；

　　　T_z——制动器制动转矩，$\text{N}\cdot\text{m}$；

　　　T_j'——满载下降时制动轴静转矩，$\text{N}\cdot\text{m}$，$M_j'=\dfrac{(p_Q+G_0)D_0}{2mi}\eta$；

　　　$[J']$——下降时换算到电动机轴上的机构总转动惯量，$\text{kg}\cdot\text{m}^2$，$[J']=1.15(J_d+J_e)+\dfrac{(P_Q+G_0)D_0^2\eta}{40m^2i^2}$；

　　　$[t_z]$——推荐制动时间，s，可取 $[t_z]\approx[t_q]$。

制动时间的长短与起重机作业条件有关。作精密安装用的起重机，制动时间过短，会引起物件上下跳动，难以准确对位；制动时间过长，会产生"溜钩"现象，影响吊装工作。用于港口装卸货物的起重机，因速度高，若制动过猛，则会引起整机振动，影响起重机连续、高效的作业。通常可在一定范围内对制动器进行调整，以确定合适的制动力矩。最好的措施是将电气控制制动和机械支持制动合并使用。

制动平均减速度为：

$$a_\mathrm{j} = \frac{v'}{t_z} \leqslant [a] \quad (\mathrm{m/s^2}) \tag{7-18}$$

式中　v'——满载下降速度，可取 $v'=1.1v$。

无特殊要求时，下降制动时物品减速度不应大于表 7-8 的推荐值。

思 考 题

1. 思考不同类型起重机起升机构的布置特点。
2. 试述在一个工作周期中，起升机构主要组成部件的运转特点。
3. 试述选择起升机构的电动机有哪些基本要求，如何进行计算和验算。
4. 试述选择减速器有哪些基本要求，如何进行计算和验算。
5. 试述选择制动器有哪些基本要求，如何进行计算和验算。

第八章

运行机构

起重机的运行机构主要分为轨行式运行机构和无轨式运行机构。

轨行式运行机构是在专门铺设的钢轨上运行,用于水平运移物品,调整起重机工作位置以及将作用在起重机上的载荷传递给基础建筑,具有负荷能力大、运行阻力小、可以采用电力驱动等特点。桥式、门式、塔式和门座起重机基本上都是采用轨行式运行机构。

无轨式运行机构主要在普通道路上行走,各种流动式起重机械如汽车式和轮胎式起重机等都是采用无轨式运行机构。

本章主要介绍轨行式运行机构,轨行式运行机构由运行支撑装置与运行驱动装置两大部分组成。运行支撑装置主要包括车轮、均衡装置和轨道,在前述内容中已讨论,本章主要介绍运行驱动装置。

第一节 运行驱动装置的典型形式

运行驱动装置用来驱动起重机在轨道上运行,主要由电动机、减速器和制动器组成。运

表 8-1 起重机运行机构的工作速度   m/min

起重机名称	起重能力	类别	小车运行速度	起重机运行速度	起重机名称	起重能力	类别	小车运行速度	起重机运行速度
梁式起重机	1～5t	中速	—	20～50	通用吊钩门式起重机	≤50t	高速	40～63	50～63
		低速	—	3.2～16			中速	32～50	32～50
通用吊钩桥式起重机	≤50t	高速	40～63	71～100			低速	10～25	10～20
		中速	25～40	56～90		63～125t	高速	32～40	32～50
		低速	10～25	20～50			中速	25～32	16～25
	63～125t	高速	32～40	56～90			低速	10～16	10～16
		中速	20～36	50～71		140～320t	中速	20～25	10～20
		低速	10～20	20～40			低速	10～16	6～12.5
	140～320t	高速	25～40	50～71	抓斗门式起重机	≤50t	高速	40～50	32～50
		中速	16～25	32～63	电磁门式起重机	≤50t	高速	40～50	32～50
		低速	10～16	16～32	抓斗装卸桥	≤50t	高速	100～320	16～40
抓斗桥式起重机	≤50t	高速	25～56	71～100	岸边集装箱起重机	30.5t	高速	132～160	40～50
电磁桥式起重机	≤50t	高速	20～56	40～90	塔式起重机	16～1000t·m	中速	16～40	10～20
防爆桥式起重机	≤50t	低速	≤10	≤16	门座起重机	5～160t	中速	—	16～32

行机构的工作速度随着起重机的类型和用途而定，见表 8-1。运行机构的驱动又分为自行式和牵引式。

一、车轮的布置方案

自行式运行机构的驱动依靠主动轮和轨道间的摩擦力（也称为附着力或黏着力）。为了保证足够的驱动力，起重机应当有足够数目的驱动轮（主动轮），通常约为总轮数的一半。速度小的起重机也可以采用总轮数的四分之一做驱动轮；速度大的小车例如装卸桥需要全部车轮驱动。

在部分驱动的车轮系统中，主动轮的布置应能保证主动轮在任何情况下都具有足够的轮压，以保证足够的驱动附着力。如果布置不当，则会使主动轮轮压不足而产生打滑，使起重机不能及时起动，并加速车轮磨损。主动轮的布置方案主要有以下几种（图 8-1）：

（1）单边布置

驱动力不对称，只用于跨度很小、轮压不对称的起重机，如半门座起重机、单梁起重机的小车等〔图 8-1（a）〕。

（2）对面布置

用于桥式起重机的大车，这样能够保证主动轮压之和不随小车的位置变化而变化。这种布置方式不宜用于旋转类型起重机，因为当臂架转到从动轮一边时，主动轮的轮压会变小〔图 8-1（b）〕。

（3）对角布置

用于中小型旋转类型起重机，如起重量不大的门座起重机。这种布置方案在理论上能够保证主动轮压之和不随臂架位置变化而变化，实际上由于轨道不平等原因仍会有变化〔图 8-1（c）〕。

（4）四角布置

用于大型起重机中，可以保证主动轮总轮压不变〔图 8-1（d）〕。

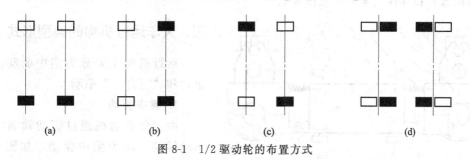

(a)　　　　　　(b)　　　　　　(c)　　　　　　(d)

图 8-1　1/2 驱动轮的布置方式

二、小车运行机构的典型形式

1. 双梁小车运行机构

双梁小车运行机构常采用集中驱动，见图 8-2。通常将立式减速器布置在小车架中心线上，见图 8-2（a）。有时小车轨距较宽时，增加浮动轴使立式减速器偏于一侧，见图 8-2（b）。通过浮动轴的使用可以补偿小车架因加工、安装及自身变形引起的误差。

2. "三合一"小车运行机构

将"三合一"驱动装置直接连套装在车轮上，见图 8-3。这种驱动形式的优点是结构紧

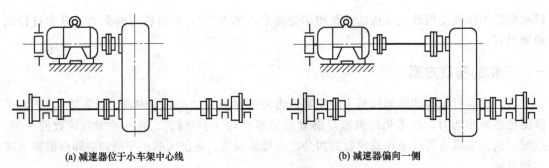

(a) 减速器位于小车架中心线　　　　　　　　(b) 减速器偏向一侧

图 8-2　双梁小车运行机构简图

凑、自重轻、装拆方便、运行平稳、使用可靠。

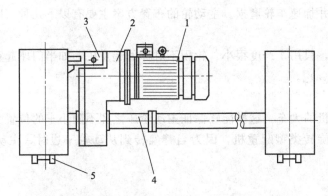

图 8-3　"三合一"小车运行机构

1—带制动器电机；2—减速器；3—弹性支承；4—传动轴；5—车轮

3. 装卸桥小车运行机构

装卸桥小车使用频繁，运行速度快。为减小传动机构的冲击和使司机产生的疲劳感，将传动机构放置在弹性支架上，见图 8-4。

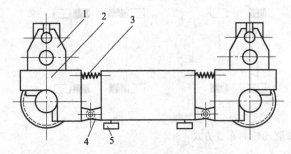

图 8-4　装卸桥小车运行机构简图

1—驱动机构；2—支架；3—弹簧；4—转动铰；5—水平轮

三、大车运行机构的典型形式

运行机构主要分为集中驱动、分别驱动和"三合一"驱动。

1. 集中驱动

由一台电动机通过驱动轴驱动两边车轮转动，称为集中驱动，如图 8-5 所示。根据传动轴的转速不同分为低速轴驱动、高速轴驱动和中速轴驱动。采用集中驱动对走台的刚性要求高。低速轴驱动工作可靠，由于低速轴传递的扭矩大，因此轴颈粗，自重也大。高速轴驱动的传动轴细而轻，但振动较大，安装精度要求较高，且需要两套减速器。中速轴驱动机构复杂，分组性差。集中驱动常用于小车运行机构，在跨度较小的大车运行机构中也有使用。

2. 分别驱动

两边车轮分别由两套独立的无机械联系的驱动装置驱动，见图 8-6。分别驱动能省去中

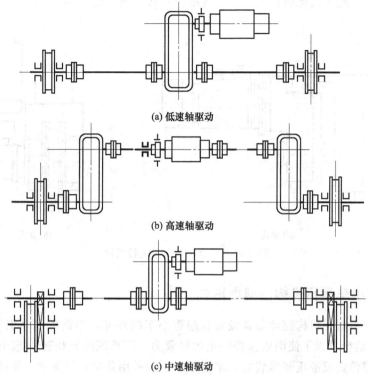

(a) 低速轴驱动

(b) 高速轴驱动

(c) 中速轴驱动

图 8-5 集中驱动布置简图

间传动轴，部件分组性好，安装和维修方便，在大车运行机构中得到广泛采用。

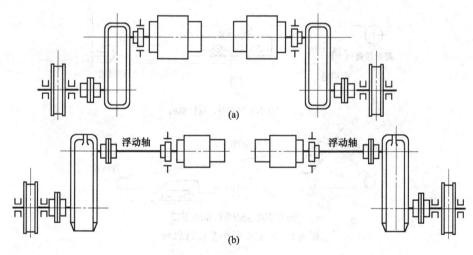

(a)

浮动轴   浮动轴

(b)

图 8-6 桥式起重机分别驱动布置简图

3. "三合一"驱动

在中小起重量的桥式起重机中，非常广泛地采用"三合一"传动装置的大车运行机构分别驱动的方案。这种驱动方式是将"三合一"装置套装在车轮轴上，或把带有制动器的电机与减速器制造成一个独立的"三合一"驱动装置［图 8-7 (a)］，使运行机构的驱动装置结构紧凑、组装性好、重量轻，且驱动的安装与走台的变形无关。"三合一"驱动装置有平行和立式两种，在门式起重机运行机构中也常将电机立式布置，见图8-7（b）。

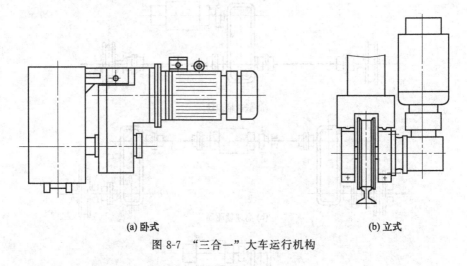

(a) 卧式　　　　　　　　　　　　(b) 立式

图8-7 "三合一"大车运行机构

四、绳索牵引小车运行机构的典型形式

绳索牵引小车运行机构驱动装置设置在起重小车的外部，靠钢丝绳牵引实现小车运行，见图8-8。小车运行时为了使绳索保持一定的张紧力，不致因绳索松弛引起小车的冲击或绳索脱槽，可采用弹簧或液压张紧装置。牵引小车一般采用普通卷筒驱动，见图8-8（b）。

绳索牵引式小车运行机构传动效率较低，工作频繁时，钢丝绳磨损比较严重，因而只用于运行坡度较大或减轻小车自重很有必要的场合，如缆索起重机、塔式起重机或装卸桥等。

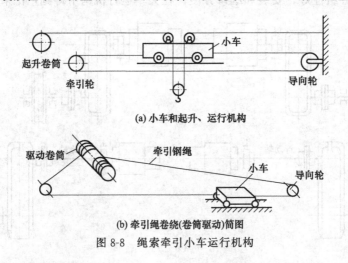

(a) 小车和起升、运行机构

(b) 牵引绳卷绕(卷筒驱动)简图

图8-8 绳索牵引小车运行机构

第二节　运行机构的计算

一、运行阻力的计算

起重机或小车在直线轨道上稳定运行时，静阻力 F_j 主要来自于摩擦阻力 F_m、坡道阻力 F_p 和风阻力 F_w，其中，室内工作时不考虑风阻力，即：

在室外工作时：
$$F_j = F_m + F_p + F_w \quad (N) \tag{8-1}$$

在室内工作时：
$$F_j = F_m + F_p \quad (N) \tag{8-2}$$

1. 摩擦阻力 F_m

起重机或小车运行时，其摩擦阻力主要产生于以下几个方面：车轮踏面在轨道上的滚动摩擦阻力，车轮轴承的摩擦阻力，车轮轮缘与轨道的摩擦力等。综合考虑这些阻力，起重机或小车满载运行时的最大摩擦阻力计算公式如下：

$$F_m = (P_Q + G_0) \frac{2f + \mu d}{D} \beta = (P_Q + G_0) \omega \quad (N) \tag{8-3}$$

式中 P_Q——起升载荷，N；

G_0——起重机或运行小车的自重载荷，N；

f——滚动摩擦系数，mm；

μ——车轮轴承摩擦系数；

d——与轴承相配合处车轮轴的直径，mm；

D——车轮踏面直径，mm；

β——附加摩擦阻力系数；

ω——摩擦阻力系数，见表 8-2。

表 8-2 摩擦阻力系数 ω

车轮直径/mm	车轴直径/mm	滑动轴承	滚动轴承
200 以下	50 以下	0.028	0.02
200～400	50～65	0.018	0.015
400～600	65～90	0.016	0.01
600～800	90～100	0.013	0.006

注：计算电动机功率时，应将表中 ω 值加大 0.005。

2. 坡道阻力 F_p

$$F_p = (P_Q + G_0) \sin\alpha \tag{8-4}$$

式中，α 为坡度角。

当坡度很小时，在计算中可用轨道坡度 i 代替 $\sin\alpha$，即：

$$F_p = (P_Q + G_0) i \tag{8-5}$$

i 值与起重机类型有关，对于桥式起重机为 0.001；对于门式和门座起重机为 0.003；对于铁路起重机为 0.004；对于建筑塔式起重机为 0.005；对于桥架上的小车为 0.002。对于在臂架或桥架悬臂上运行的小车，i 值由计算确定。

3. 风阻力 F_w

在露天工作的起重机要考虑起重机和起吊物品所受的风的阻力，该阻力对应的载荷值称为风载荷，计算公式如下：

$$F_w = C K_h q A \tag{8-6}$$

式中 C——风力系数（风载体型系数），见表 8-3；

K_h——风力高度变化系数，见表 8-4；

q——计算风压值，Pa，第Ⅰ、Ⅱ、Ⅲ类载荷的风压值分别记为 $q_{\text{Ⅰ}}$、$q_{\text{Ⅱ}}$、$q_{\text{Ⅲ}}$，见表 8-5；

A——起重机结构或物品垂直于风向的迎风面积，m²。

(1) 风力系数 C 的确定

风载体型系数与挡风结构物的表面形状有关，可近似按表 8-3 选取。

表 8-3 单片结构的风力系数 C

结构形式		C
型钢制成的平面桁架(充实率 $\phi=0.3\sim0.6$)		1.6
型钢、钢板、型钢梁、钢板梁和箱形截面构件	L/h	
	5	1.3
	10	1.4
	20	1.6
	30	1.7
	40	1.8
	50	1.9
圆管及管结构	Qd^2	
	<1	1.3
	<3	1.2
	7	1.0
	10	0.9
	>13	0.7
封闭的司机室、机器房、对重、钢丝绳及物品等		$1.1\sim1.2$

（2）风压高度变化系数 K_h

起重机的工作状态计算风压不考虑高度变化（$K_h=1$）。所有起重机的非工作状态计算风压均需考虑高度变化。风压高度变化系数 K_h 按表 8-4 查取。

表 8-4 风力高度变化系数 K_h 值

离地(海)面高度/m	≤10	20	30	40	50	60	70	80	90	100	110	120	130	140	150	200
陆上 $\left(\dfrac{h}{10}\right)^{0.3}$	1.00	1.23	1.39	1.51	1.62	1.71	1.79	1.86	1.93	1.99	2.05	2.11	2.16	2.20	2.25	2.45
海上及海岛 $\left(\dfrac{h}{10}\right)^{0.2}$	1.00	1.15	1.25	1.32	1.38	1.43	1.47	1.52	1.55	1.58	1.61	1.64	1.67	1.69	1.72	1.82

（3）计算风压 q 的确定

风压是风的速度能转化为压力能的结果。计算风压按空旷地区离地 10m 高处的风速计算。起重机工作状态的计算风速按阵风风速（及瞬时风速）考虑，非工作状态的计算风速按 2min 时距的平均风速考虑。

计算风压分为三种：q_I、q_{II}、q_{III}（表 8-5）。不同类型的起重机按具体情况选取不同的计算风压值。q_I 是起重机正常工作状态下的计算风压，用于选择电动机功率的阻力计算及机构零部件的发热验算；q_{II} 是起重机工作状态最大计算风压，用于计算机构零部件和金属结构的强度、刚性及稳定性；q_{III} 是起重机非工作状态计算风压，用于验算此时起重机机构零部件和金属结构的强度、整机抗倾覆稳定性以及起重机的防风抗滑安全装置和锚定装置的设计计算。

表 8-5 起重机标准风压值   Pa

地区	工作状态计算风压		非工作状态计算风压
	q_I	q_{II}	q_{III}
内陆		150	$500\sim600$
沿海	$0.6q_{II}$	250	$600\sim1000$
台湾省及南海诸岛		250	1500

（4）迎风面积 A

起重机结构或物品的迎风面积按起重机组成部分或物品的净面积在垂直于风向平面的投

影来计算，即：

$$A = \phi A_{轮} \tag{8-7}$$

式中　$A_{轮}$——起重机组成部分的轮廓面积在垂直于风向平面上的投影，m^2；

　　　ϕ——起重机金属结构或机构的充满系数，及结构或机构的净面积与其轮廓面积之比。常用结构形式的 ϕ 值如下：

① 管子桁架结构（无斜杠的桁架取小值）：$\phi = 0.2 \sim 0.6$。

② 实体板结构：$\phi = 1$。

③ 机构：$\phi = 0.8 \sim 1.0$。

当两个或两个以上的结构并列，其迎风面积相互重叠时（图 8-9），第二个和第二个以后的结构被前面遮挡的迎风面积减小，减小的程度用折减系数 η 表示（表 8-6）。

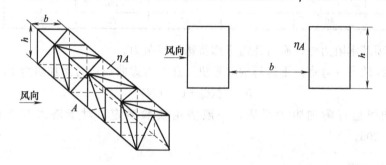

(a) 桁架　　　　　　　(b) 平行的箱型梁

图 8-9　两个挡风面重叠时的挡风面积计算简图

表 8-6　桁架结构挡风折减系数 η

ϕ		0.1	0.2	0.3	0.4	0.5	0.6
间隔比 b/h	1	0.84	0.70	0.57	0.40	0.25	0.15
	2	0.87	0.75	0.62	0.49	0.33	0.20
	3	0.90	0.78	0.64	0.53	0.40	0.28
	4	0.92	0.81	0.65	0.56	0.44	0.34
	5	0.94	0.83	0.67	0.58	0.50	0.41
	6	0.96	0.85	0.68	0.60	0.54	0.46

如图 8-9 所示两片重叠的桁架，当风向垂直于桁架面时，总挡风面积为：

$$A_{\Sigma} = \eta \phi_1 A_1 + \eta \phi_2 A_2 \tag{8-8}$$

式中　A_1——第一片桁架的轮廓面积；

　　　A_2——第二片桁架的轮廓面积；

　　　ϕ_1——第一片桁架的充满系数；

　　　ϕ_2——第二片桁架的充满系数；

　　　η——折减系数，根据比值 b/h 由表 8-6、表 8-7 查得（h 为桁架高度，b 为两片桁架间的垂直距离）。

两个箱型梁重叠时可按上式计算，但间距 b 应是两箱形梁内侧的间距，见图 8-9（b）。

表 8-7　箱形截面构件折减系数 η

b/h	$\leqslant 4$	5	6
η	0	0.1	0.3

起重小车和物品的迎风面积按它们实际的轮廓尺寸决定。物品的迎风面积可参考

表 8-8, 根据物品质量近似地估计。

表 8-8 物品迎风面积的估计值   m²

物品质量/t	1	2	3	5 6.3	8	10
迎风面积	1	2	3	5	6	7
物品质量/t	12.5	15 16	20	25	30 32	40
迎风面积	8	10	12	15	18	22
物品质量/t	50	63	75 80	100	125	150 160
迎风面积	25	28	30	35	40	45
物品质量/t	200	250	280	300 320	400	
迎风面积	56	65	70	75	80	

除以上三项基本阻力外, 有时还需考虑特殊运行阻力。

对于在曲线轨道 (弯道) 上运行的起重机, 还要考虑曲线运行附加阻力 F_q:

$$F_q = \xi(Q+G) \ (\text{N}) \tag{8-9}$$

式中 ξ——曲线运行附加阻力系数, 一般需由实验测定, 对于塔式起重机, 可取 $\xi = 0.005$。

二、电动机的选择

1. 电动机的静功率

$$P_j = \frac{F_j v_0}{1000 \eta m} \ (\text{kW}) \tag{8-10}$$

式中 F_j——起重机或小车运行静阻力, N;

     v_0——初选运行速度, m/s;

     η——机构传动效率, 可取 $\eta = 0.85 \sim 0.95$;

     m——电动机个数。

2. 电动机初选

电动机一般可根据电动机的静功率和机构的接电持续率 JC 值, 对照电动机的产品目录选用。由于运行机构的静载荷变化较小, 动载荷较大, 因此所选电动机的额定功率应比静功率大, 以满足电动机的起动要求。

对于桥架类型起重机的大、小车运行机构可按下式初选电动机:

$$P = K_d P_j \ (\text{kW}) \tag{8-11}$$

式中 K_d——考虑到电动机启动时惯性影响的功率增大系数, 对于室外工作的起重机常取 $K_d = 1.1 \sim 1.3$ (速度高者取大值) 对于室内工作的起重机及装卸桥小车运行机构可取 $K_d = 1.2 \sim 2.6$ (对应速度 $30 \sim 180$m/min)。

3. 电动机的过载实验

运行机构的电动机必须进行过载校验。

$$P_n \geq \frac{1}{\mu \lambda_{as}} \left(\frac{F_{jII} v}{1000 \eta} + \frac{\sum J n^2}{91280 t_a} \right) \ (\text{kW}) \tag{8-12}$$

式中 P_n——基准接电持续率时电动机额定功率, kW;

μ——电动机个数；

λ_{as}——平均启动转矩标准值（相对于基准接电持续率时的额定转矩），对绕线型异步电动机取 1.7，采用频敏变阻器时取 1，对笼型异步电动机取转矩允许过载倍数的 90%，对串励直流电动机取 1.9，对复励直流电动机取 1.8，对他励直流电动机取 1.7，对于采用电流自动调整的系统允许适当提高 λ_{as} 值；

F_{jII}——运行静阻力，N，按式（8-1）或式（8-2）计算，风阻力按工作状态最大计算风压 q_{II} 计算，室内工作的起重机风阻力为零；

v——运行速度（m/s），根据 v_0 与初选的电动机转速 n 确定传动比 i，见式（8-16），$v = \dfrac{\pi D n}{6000 i}$；

η——机构传动效率；

t_a——机构初选启动时间，可根据运行速度确定，一般情况下桥架型起重机大车运行机构 $t_a = 8\sim10\text{s}$，小车运行机构 $t_a = 4\sim6\text{s}$；

$\sum J$——机构总转动惯量，即折算到电动机轴上的机构旋转运动质量与直线运动质量转动惯量之和，$\text{kg}\cdot\text{m}^2$，$\sum J = k(J_1+J_2)m + \dfrac{9.3(P_Q+G_0)v^2}{n^2\eta}$；

J_1——运电动机转子转动惯量，$\text{kg}\cdot\text{m}^2$；

J_2——电动机轴上制动轮和联轴器的转动惯量，$\text{kg}\cdot\text{m}^2$；

k——计及其他传动件飞轮矩影响的系数，折算到电动机轴上取 $k = 1.1\sim1.2$；

n——电动机额定转速，r/min；

P_Q——起升载荷，N；

G_0——起重机或运行小车的重力，N。

4. 电动机的发热校核

对工作频繁的工作性运行机构，为避免电动机过热损坏，应进行发热校验。满足下式时，电动机的发热校验合格：

$$P \geqslant P_s \tag{8-13}$$

式中 P——电动机工作的接电持续率 JC 值、CZ 值时的允许输出功率，kW；

P_s——工作循环中，稳态平均功率（kW）按下式计算

$$P_s = GP_j$$

P_j 见式（8-10），G 为运行机构稳态负载平均系数，见表 8-9 和表 8-10。

表 8-9 运行机构稳态负载平均系数 G

运行机构	室内起重机		室外起重机
	小车	大车	
G_1	0.7	0.85	0.75
G_2	0.8	0.90	0.80
G_3	0.9	0.95	0.85
G_4	1	1	0.90

5. 启动时间与启动平均加速度验算

（1）满载、上坡、迎风时的启动时间

$$t = \frac{n\sum J}{9.55(\mu T_{mq} - T_j)} \quad \text{(s)} \tag{8-14}$$

式中　n——电动机额定转速，r/min；

　　$\sum J$——机构总转动惯量，kg·m²；

　　μ——电动机台数；

　　T_{mq}——电动机的平均启动转矩，N·m；

　　T_j——满载、上坡、迎风时作用于电动机轴上的静阻力矩，N·m，$T_j=\dfrac{F_{jⅠ}D}{2000i\eta}$（N·m）；

　　$F_{jⅠ}$——运行静阻力，N，见式（8-1），风阻力按计算风压 q_1 计算；

　　D——车轮踏面直径，mm；

　　i——减速器的传动比；

　　η——机构传动效率。

表 8-10　运行机构的 JC、CZ、G 值

起重机型式		用途	小车运行机构			大车运行机构		
			JC/%	CZ	G	JC/%	CZ	G
桥式起重机	吊钩式	电站安装及检修	15	300	G_1	15	600	G_1
		车间及仓库用	25	300	G2	25	600	G_2
		繁忙的工作车间仓库用	25	600	G_2	40	1000	G_2
	抓斗式	间断装卸用	40	800	G_2	40	1500	G_2
门式起重机	吊钩式	一般用途	25	300	G_2	25	450	G_2

启动时间一般应满足下列要求：对起重机，$t\leqslant8\sim10s$；对小车，$t\leqslant4\sim6s$。时间 t 也可参照表 8-10 确定。

（2）启动平均加速度

为了避免过大的冲击及物品摆动，应验算启动时的平均加速度，一般应在允许的范围内（表 8-11）。

$$a=\frac{v}{t}\ (\text{m/s}^2) \tag{8-15}$$

式中　v——运行机构的稳定运行速度，m/s；

　　t——启动时间，s。

表 8-11　运行机构加（减）速度 a 及相应的加（减）速时间 t 的推荐值

运行速度 /(m/s)	行程很长的低速与中速起重设备		通常使用的中速与高速起重设备		采用大加速度的高速起重设备	
	加（减）速时间 /s	加（减）速度 /(m/s²)	加（减）速时间 /s	加（减）速度 /(m/s²)	加（减）速时间 /s	加（减）速度 /(m/s²)
4.00	—	—	8.0	0.50	6.0	0.67
3.15	—	—	7.1	0.44	5.1	0.58
2.50	—	—	6.3	0.39	4.8	0.52
2.00	9.1	0.22	5.6	0.35	4.2	0.47
1.60	8.3	0.19	5.0	0.32	3.7	0.43
1.00	6.6	0.15	4.0	0.25	3.0	0.33
0.63	5.2	0.12	3.2	0.19	—	—
0.40	4.1	0.098	2.5	0.16	—	—
0.25	3.2	0.078	—	—	—	—
0.16	2.5	0.064	—	—	—	—

三、减速机的选择

1. 减速机的传动比

机构的计算传动比为：

$$i_0 = \frac{\pi n D}{60000 v_0} \tag{8-16}$$

式中　n——电动机额定转速，r/min；

　　　D——车轮踏面直径，mm；

　　　v_0——初选运行速度，m/s。

按所采用的传动方案考虑传动比分配，并选用标准减速器或进行减速装置的设计，确定出实际传动比 i。

2. 标准减速器的选用

选用标准型号的减速器时，其总设计寿命一般应与机构的利用等级相符合。对于在不稳定运转过程中减速器承受载荷不大的机构，可按额定载荷或电动机额定功率选择减速器；对于动载荷较大的机构，应按实际载荷（考虑动载荷影响）来选择减速器。

由于运行机构启、制动时的惯性载荷大，惯性质量主要分布在低速部分，因此启、制动时的惯性载荷几乎全部传递给传动零件，所以在选用或设计减速器时，输入功率应按启动工况定。减速器的计算输入功率为：

$$P_j = \frac{1}{m} \times \frac{(F_j + F_g)v}{1000\eta} \text{ (kW)} \tag{8-17}$$

式中　m——运行机构减速器的个数；

　　　v——运行速度，m/s；

　　　η——运行机构的传动效率；

　　　F_j——运行静阻力，N；

　　　F_g——运行启动时的惯性力，N，$F_g = \lambda \dfrac{P_Q + G_0}{g} \times \dfrac{v}{t}$

　　　λ——考虑机构中旋转质量的惯性力增大系数，$\lambda = 1.1 \sim 1.3$。

根据计算输入功率，可从标准减速器的承载能力表中选择适用的减速器。对工作级别大于 M5 的运行机构，考虑到工作条件比较恶劣，根据实践经验，减速器的输入功率以取计算输入功率的 $1.8 \sim 2.2$ 倍为宜。

许多标准减速器有自己特定的选用方法。

QJ 型起重机减速器用于运行机构的选用方法如下：

$$P_j = 1.12^{(I-5)} \varphi_8 P_n \leqslant [P] \tag{8-18}$$

式中　P_j——减速器的计算输入功率，kW；

　　　φ_8——刚性动载系数，$\varphi_8 = 1.2 \sim 2.0$，该系数与电动机驱动特性和计算零件两侧的传动惯量的比值有关；

　　　P_n——基准接电持续率时电动机的额定功率；

　　　I——工作级别，$I = 1 \sim 8$；

　　　$[P]$——标准减速器承载能力表中的许用功率，kW。

QS 型起重机用"三和一"运行机构减速器的选用方法如下：

$$P_j = 1.12^{(I-6)} \varphi_5 P_n \leqslant [P] \quad (\text{kW}) \tag{8-19}$$

式中　φ_5——弹性振动力矩增大系数，$\varphi_5 = 1.5 \sim 2.5$，系统的弹性和阻尼大者取小值。

四、制动器的选择

运行机构的制动器根据起重机满载、顺风和下坡运行制动工况选择，制动器应使起重机在规定的时间内停车，制动转矩按下式计算：

$$T_z = (F_p + F_{w\text{II}} - F_{m1})\frac{D\eta}{2000im'} + \frac{1}{m't_z}\left[0.975\frac{(Q+G)v^2\eta}{n} + \frac{k(J_1+J_2)nm}{9.55}\right] \quad (\text{N·m}) \tag{8-20}$$

式中　F_p——坡道阻力，N，见式（8-4）或式（8-5）；

　　$F_{w\text{II}}$——风阻力，N，按工作状态最大计算风压计算；

　　F_{m1}——满载运行时最小摩擦阻力，见式（8-1），此时 $\beta=1$；

　　m'——制动器个数；

　　m——电动机个数，一般 $m=m'$；

　　t_z——制动时间，参考表 8-9 选取。

对于露天工作的起重小车或无夹轨器的起重机，在驱动轮与轨道间有足够大的黏着力的情况下，应使制动器满足以下条件：

$$T_z \geqslant 1.25\frac{D\eta}{2000im'}(F_p + F_{w\text{III}} - F_{m1}) \quad (\text{N·m}) \tag{8-21}$$

式中　$F_{w\text{III}}$——风阻力，N，按非工作状态下的最大计算风压 q_{III} 计算。

五、联轴器的选择

高速联轴器的计算扭矩 T_{c1} 应满足：

$$T_{c1} = n_1\varphi_8 T_n \leqslant T_t \quad (\text{N·m}) \tag{8-22}$$

式中　n_1——联轴器安全系数；

　　φ_8——刚性动载系数；

　　T_n——电动机额定扭矩，N·m；

　　T_t——联轴器许用扭矩，N·m。

低速联轴器的计算扭矩应满足：

$$T_{c2} = n_1\varphi_8 T_n i\eta \leqslant T_t \quad (\text{N·m}) \tag{8-23}$$

六、运行打滑实验

为了使起重机运行时可靠地启动或制动，防止出现驱动轮在轨道上的打滑现象，避免车轮打滑影响起重机的正常工作和加剧车轮的磨损，应分别对驱动轮作启动和制动时的打滑验算。

对于小车运行机构按空载运行工况验算；对于桥式起重机大车运行机构验算空载小车位于桥架一端时轮压最小的驱动轮；对于门式起重机大车运行机构，按满载小车位于悬臂端时验算另一端轮压最小的驱动轮；对于回转型起重机验算满载时轮压最小的驱动轮。

（1）启动时按下式验算：

$$\left(\frac{\varphi}{K} + \frac{\mu d}{D}\right)R_{\min} \geqslant \frac{2000i\eta}{D}\left[T_{mq} - \frac{500k(J_1+J_2)i}{D}a\right] \tag{8-24}$$

（2）制动时按下式验算：

$$\left(\frac{\varphi}{K}-\frac{\mu d}{D}\right)R_{\min}\geqslant\frac{2000i}{\eta D}\left[T_z-\frac{500k(J_1+J_2)i}{D}a_z\right] \tag{8-25}$$

式中　φ——黏着系数，对室外工作的起重机取 0.12（下雨时取 0.08），对室内工作的起重
　　　　　机取 0.15，钢轨上撒砂时取 0.2～0.25；

　　　K——黏着安全系数，可取 $K=1.05$～1.2；

　　　μ——轴承摩擦系数；

　　　d——轴承内径，mm；

　　　D——车轮踏面直径，mm；

　$R_{\min}$——驱动轮最小轮压（集中驱动时为全部驱动轮压），N；

　T_{mq}——打滑一侧电动机的平均启动转矩，N·m；

　　　k——计及其他传动件飞轮矩影响的系数，折算到电动机轴上可取 $k=1.1$～1.2；

　　　J_1——电动机转子转动惯量，kg·m²；

　　　J_2——电动机轴上带制动轮联轴器的转动惯量，kg·m²；

　　　a——启动平均加速度，m/s²，$a=\dfrac{v}{t}$；

　　　T_z——打滑一侧的制动器的制动转矩，N·m；

　　　a_z——制动平均减速度，m/s²，$a_z=\dfrac{v}{t_z}$。

　　计算表明，对于带悬臂的门式起重机或装卸桥以及某些自重较轻、运行速度较快的起重机或起重小车，其最小轮压的驱动轮往往不能通过打滑验算，因为这会增加车轮磨损，实际启动时间也将延长。对于不经常使用的起重机，产生这种短暂的打滑还是允许的。为了使工作繁忙的起重机工作时车轮不打滑，应合理选择电动机，并尽可能降低加速度或减速度，同时应选取合适的驱动轮数，必要时采取全部车轮驱动。

七、牵引式小车运行机构的计算

　　一般采用的牵引式小车钢丝绳缠绕系统如图 8-8 所示。

　　进行牵引式小车运行机构的计算时，受力简图如图 8-10 所示。

1. 运行阻力的计算

　　小车稳定运行时钢丝绳的牵引力为：

$$F_j=F_m+F_p+F_w+F_q+F_z \quad (N) \tag{8-26}$$

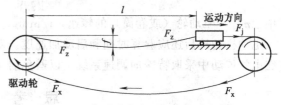

图 8-10　牵引式小车运行机构受力简图

式中　F_q——由起升绳的僵性和滑轮轴
　　　　　的摩擦引起的阻力，N，
　　　　　$F_q=\dfrac{Q}{m}(K_k^{m+1}-1)$；

　　　F_z——使钢丝绳保持一定垂度所需的张力，N，$F_z=\dfrac{ql^2}{8f}$；

　　　Q——起升载荷，N；

　　　m——起升滑轮组的倍率；

K_k——滑轮阻力系数，采用滚动轴承时取 1.03，采用滑动轴承时取 1.05；

q——钢丝绳单位长度的自重载荷，N/m；

l——钢丝绳自由悬垂部分的长度，m；

f——下挠度，m，一般取 $f/l=1/30\sim1/50$，或 $f\leqslant0.1\sim0.15$m。

下分支钢丝绳的牵引力为：

$$F_z=F_jK_k \quad (N)$$

由于牵引钢丝绳的缓冲作用，只有当运行速度 $v>2.5\sim3$m/s 时，才考虑小车启动时的惯性力。

牵引绳大多采用卷筒驱动，两根牵引绳分别从卷筒的上、下方引出（一出一进），固定在小车两端。

如果驱动轮采用摩擦卷筒，则须满足下式要求：

$$1.25\frac{F_x}{F_z}\leqslant e^{2\pi\mu n}$$

式中　μ——钢丝绳与卷筒之间的摩擦系数，一般对工作于室内的取 $\mu=0.16$，对工作于室外的取 $\mu=0.12$；

n——缠绕圈数。

必要的缠绕圈数 n 按下式计算：

$$n\geqslant\frac{\log1.25F_x-\log F_z}{2\pi\mu\log e}$$

2. 电动机的选择

驱动轮上的转矩为：

$$T=\left(\frac{F_x}{\eta_1}-F_z\right)\frac{R}{\eta_2} \quad (N\cdot m) \tag{8-27}$$

式中　η_1——驱动轮（或卷筒）效率；

η_2——驱动机构效率；

R——驱动轮（或卷筒）半径，m。

电动机按小车稳定运行时的静功率初选：

$$P_j=\frac{Tn}{9550} \quad (kW)$$

式中　n——驱动轮（或卷筒）的转速，r/min。

电动机初选后还应验算时间和启动加速度。对于一些专用的起重机（如集装箱起重机）应在电气传动中采取特殊的调速系统，以避免启动时物品摆动过大。

思　考　题

1. 思考不同类型起重机运行机构的布置特点。
2. 试比较集中驱动和分别驱动的运行机构各有何优缺点。
3. 试述运行机构包括哪些阻力，应如何计算。

第九章

变幅机构

起重机中，用来改变幅度的机构称为起重机的变幅机构。

起重机的变幅机构按工作性质分为非工作性变幅机构和工作性变幅机构；按机构运动形式分为臂架摆动式变幅机构和运行小车式变幅机构；按臂架变幅性能分为普通臂架变幅机构和平衡臂架变幅机构。

非工作性变幅机构只在起重机空载时改变幅度，调整取物装置的作业位置。其特点是变幅次数少，变幅时间对起重机的生产率影响小，一般采用较低的变幅速度，非工作性变幅也称为调整性变幅。工作性变幅机构用于带载条件下变幅，变幅过程是起重机工作循环的主要环节。变幅时间对起重机的生产率有直接影响，一般采用较高的变幅速度。为降低驱动功率，改善操作性能，工作性变幅机构常采用多种方法实现吊重水平位移和臂架自重平衡。

臂架摆动式变幅机构是通过臂架在垂直平面内绕其铰轴摆动改变幅度的。伸缩臂式起重机臂架既可摆动，也可伸缩，既能增加起升高度，也能改变起重机幅度。运行小车式变幅机构用于具有水平臂架的起重机，依靠小车沿臂架弦杆运行来改变起重机幅度。

普通臂架变幅机构变幅时会同时引起臂架重心和物品重心升降，耗费额外的驱动功率，适用于非工作性变幅。平衡臂架变幅机构采用各种补偿方法和臂架平衡系统，使变幅过程中物品重心沿水平线或近似水平线移动，臂架及平衡系统的合成重心高度基本不变，从而节省驱动功率，适用于工作性变幅。

第一节 普通臂架变幅机构

普通臂架变幅机构主要有臂架摆动式和运行小车式两种形式，臂架摆动式机构又分为定长臂架变幅机构和伸缩臂架变幅机构，见图 9-1。

一、臂架摆动式变幅机构

1. 定长臂架变幅机构

定长臂架变幅机构一般采用变幅滑轮组（见图 9-2）形式，在变幅卷筒 3 的卷绕作用下，通过变幅滑轮组 4 牵引，使臂架 1 围绕铰轴 2 发生俯仰，从而改变幅度。

变幅定滑轮组的安装位置及其人字架支撑的形式直接影响变幅力和构件受力。人字架的形式特点如图 9-3 所示：图 (a) 所示结构高度大，杆件长，支杆受力较小，尾部后伸较长；

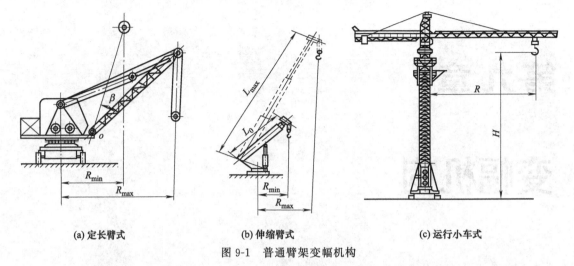

(a) 定长臂式 (b) 伸缩臂式 (c) 运行小车式

图 9-1 普通臂架变幅机构

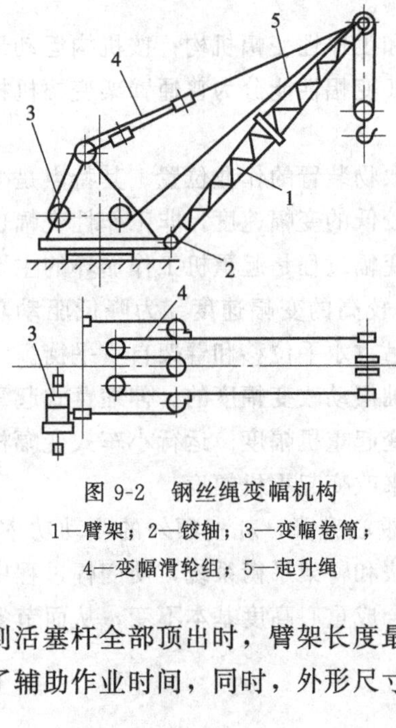

图 (b) 所示结构高度低，杆件较短，尾部后伸较短，支杆受力大；图 (c) 所示结构高度及杆件长度最小，支杆受力最不利；图 (d) 所示结构高度大，尾部后伸短，变幅拉力小，外部尺寸大。在确定人字架的形式时，应从减小变幅力、满足整机高度、改善构件受力及特殊要求等方面综合考虑。

2. 伸缩臂架变幅机构

液压缸变幅是伸缩臂式起重机最具有代表性的变幅形式 [图 9-4 (a)]，采用变幅油缸 2 改变臂架 1 的倾角。图 9-4 (b) 所示是液压缸变幅油路，为控制臂架下降速度，油路系统装有平衡阀，保证臂架平稳下降。

为了增大幅度变化范围，臂架制成可伸缩的机构，见图 9-5。臂架包括各节臂架结构件及各节伸缩油缸，当各级油缸进油使活塞杆顶出时，臂架长度逐渐增大，

图 9-2 钢丝绳变幅机构

1—臂架；2—铰轴；3—变幅卷筒；
4—变幅滑轮组；5—起升绳

到活塞杆全部顶出时，臂架长度最大。具有臂架伸缩机构的起重机不需要接臂和拆臂，缩短了辅助作业时间，同时，外形尺寸的减小提高了起重机的机动性和通过性。

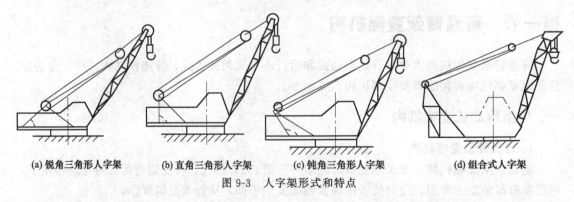

(a) 锐角三角形人字架 (b) 直角三角形人字架 (c) 钝角三角形人字架 (d) 组合式人字架

图 9-3 人字架形式和特点

臂架摆动式变幅机构在变幅过程中物品和臂架重心会随幅度改变而发生不必要的升降，(图 9-6)，需要耗费额外的能量，在增大幅度时产生较大的惯性载荷。由于这种变幅机构构

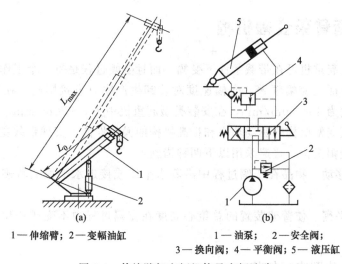

1—伸缩臂；2—变幅油缸　　　　　　1—油泵；　　2—安全阀；
　　　　　　　　　　　　　　　　　　3—换向阀；4—平衡阀；5—液压缸

图 9-4　伸缩臂架变幅机构及变幅油路

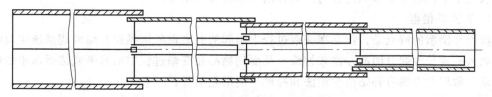

图 9-5　伸缩臂架结构简图

造简单，因此在非工作性变幅或不经常带载变幅的汽车起重机、轮胎起重机、履带起重机等起重机中被广泛应用。

二、运行小车式变幅机构

在运行小车式变幅机构中，幅度的改变是靠小车沿着水平的臂架悬杆运行来实现的，见图 9-7。

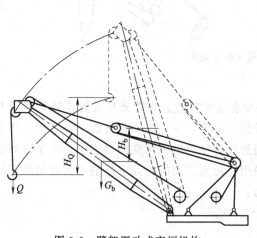

图 9-6　臂架摆动式变幅机构

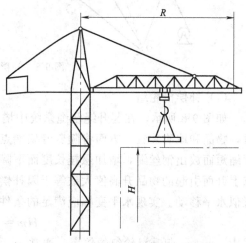

图 9-7　运行小车式变幅机构

第二节　平衡臂架变幅机构

工作性变幅的起重机可在带载条件下变幅，而且变幅过程是每一个工作周期中的主要工序之一。其主要特征是变幅频繁，变幅速度对装卸生产率有直接影响。在装卸类型起重机中，一般变幅速度为 40～60m/min，在安装类型起重机中为 8～20m/min。

为尽可能降低变幅机构的驱动功率和提高机构的操作性能，实现带载变幅的工作性变幅机构为平衡臂架变幅机构，普遍采用以下两种措施：

① 载重水平移动　物品在变幅过程中沿着水平线或接近水平线的轨迹运动，采用物品升降补偿装置。

② 臂架自重平衡　使臂架装置的总重心高度在变幅过程中不变或变化较小，采用臂架平衡系统。

一、载重水平移动型变幅机构

载重水平移动型变幅机构分为绳索补偿型和组合臂架型。

1. 绳索补偿型

绳索补偿型的特点是：物品在变幅过程中引起的升降现象依靠起升绳缠绕系统中及时放出或收入一定长度起升绳的办法来补偿，从而使物品在变幅过程中沿水平或接近水平线的轨迹移动。常用的方案有补偿滑轮组法和补偿导向滑轮法等。

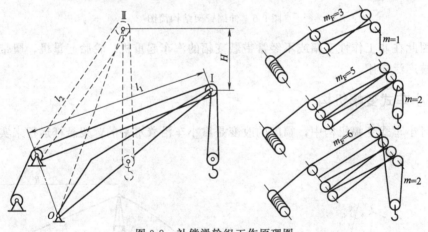

图 9-8　补偿滑轮组工作原理图

（1）补偿滑轮组

如图 9-8 所示，在起升绳绕绳系统中增设一个补偿滑轮组，当臂架从位置 I 转到位置 II 时，物品和取物装置一方面将随着臂架端点的升高而上升，另一方面又将由于补偿滑轮组长度缩短而放出钢丝绳，增加悬挂长度而下降。通过设计使起重机在变幅过程中，由于臂架端点上升而引起的物品升高值大致等于因补偿滑轮组缩短而引起的物品下降值，因此物品将沿近似水平移动。实现水平变幅应满足的条件式为：

$$Hm = (l_1 - l_2)m_F$$

式中　m——起升滑轮组的倍率，通常 $m \leqslant 2$；

　　　m_F——补偿滑轮组的倍率，常用 $m_F = 3$。

　　这类补偿法的主要优点是构造简单，臂架受力情况比较有利，容易获得较小的最小幅度；缺点是起升绳的长度大，起升绳绕过滑轮数目多，因而磨损快，小幅度时物品摆动大，不能保证物品沿严格的水平线移动等。这种方法主要用于小起重量的起重机中。

　　（2）补偿导向滑轮

　　如图9-9所示，从卷筒出来的钢丝绳，经过装在摆动杠杆上的导向滑轮，然后通过臂架头部，装有补偿导向滑轮的杠杆通过拉杆与臂架连接。在变幅过程中，补偿导向滑轮的位置的变化，使从卷筒到臂架头部之间的钢丝绳长度的变化与吊钩随臂架头部的升降相补偿，即：

$$AB + BC - A'B' - B'C' \approx H$$

　　则吊钩就可以近似位于同一水平线上。

　　与补偿滑轮组相比，这种方法的主要优点是起升绳的长度和磨损减小；缺点是臂架所受弯曲力矩较大，并难以获得较小的最小幅度。这种方法可用于吊钩起重机及抓斗起重机，在较大起重量的起重机上应用较多。

　　（3）连杆-补偿滑轮组

　　如图9-10所示的补偿方法是通过连杆将沿垂直导轨移动的补偿滑轮组的动滑轮与臂架尾部联系起来，而且连杆的长度取值应与臂架的尾长相等。

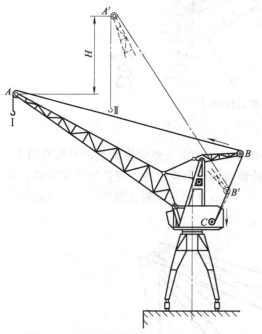

图9-9　补偿导向滑轮式变幅装置简图

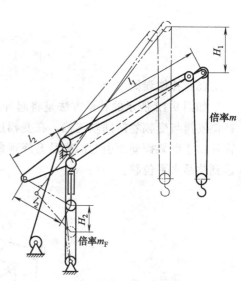

图9-10　连杆-补偿滑轮组变幅装置简图

　　在臂架变幅过程中，将保持下列关系：

$$\frac{H_1}{H_2} = \frac{l_1}{2l_2}$$

　　因此，如果起升滑轮组的倍率 m 和补偿滑轮组的倍率 m_F 之间能保持下列关系，则物品就可以准确地沿水平线移动：

$$m H_1 = m_F H_2$$

　　即

$$m_F = \frac{H_1}{H_2} m = \frac{l_1}{2l_2} m$$

在转柱式的结构中，将补偿滑轮组布置在转柱里面，由油缸推动滑轮组动滑轮而使臂架摆动变幅，且动滑轮又与臂架的平衡对重合并布置，这样的变幅形式很紧凑。

（4）椭圆规

如图 9-11 所示的补偿方法可以使物品达到准确地水平位移，因为臂架中心（$L/2$ 处）在变幅时走一水平线，臂架两端的垂直位移相等即 $H=l$，使吊钩的中心高度不变。这种臂架的尖端的轨迹为椭圆，所以称为椭圆规。

若臂架的重心就在 $L/2$ 处，则变幅时它的高度不变，这样也达到了很好的自重平衡。

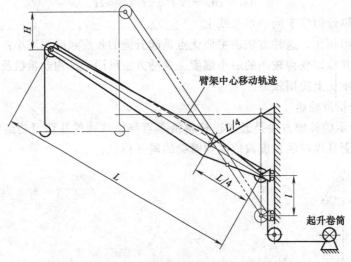

图 9-11　椭圆规补偿系统简图

（5）补偿卷筒

如图 9-12 所示的补偿方法是将起升绳的另一端绕在一个由变幅机构驱动的补偿卷筒上，补偿卷筒与变幅卷筒同轴连接，在变幅过程中，补偿卷筒放出或收入一定长度的起升绳，以弥补由于臂架摆动而引起的物品升降现象。实际中，常将补偿卷筒制成圆锥形的，可近似地达到物品水平位移。

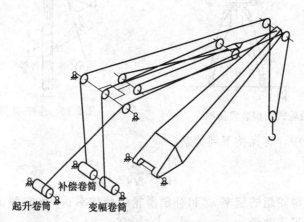

图 9-12　卷筒补偿式绕绳系统简图

2. 组合臂架型

组合臂架型的特点是：物品在变幅过程中的水平移动是依靠臂架端点在变幅过程中沿水

平线或接近水平线的轨迹移动来保证的。其主要的方案有四连杆式组合臂架、曲线象鼻梁式组合臂架和平行四边形组合臂架。

（1）四连杆式组合臂架

如图 9-13 所示，四连杆式臂架系统是由臂架、象鼻梁和刚性拉杆组合而成的。象鼻梁的端点将描绘出一条双叶曲线，如果臂架系统设计尺寸合适，则在有效幅度 $S_{max} \sim S_{min}$ 范围内，双叶曲线可以接近于一条水平线，即在变幅过程中，象鼻梁的端点将沿着接近水平线的轨迹移动。当起升绳沿着臂架或拉杆到象鼻梁，并从其头部引出时，即满足了物品水平变幅的要求。

这种方案的主要优点是物品悬挂长度减小，摆动现象减轻，起升绳的长度和磨损减小，起升滑轮组的倍率对补偿系统没有影响；其主要缺点是臂架系统复杂，自重大，物品难于沿严格的水平线变幅。该方案在港口及造船门座起重机上应用广泛。

（2）曲线象鼻梁式组合臂架

如图 9-14 所示，这种组合臂架是由四连杆系统发展而来的。将四连杆的刚性拉杆改为挠性拉索，并将其与象鼻的连接改为曲线包络，适当设计曲线就可以达到理论上的绝对水平位移。这种方案的优点是自重较轻；缺点是当起重机横向受力（如旋转急剧启动与制动、横向受力等）时，主臂架将承受强烈的扭矩。

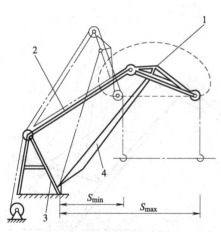

图 9-13 四连杆式组合臂架

1—象鼻架；2—拉杆；3—机架；4—动臂

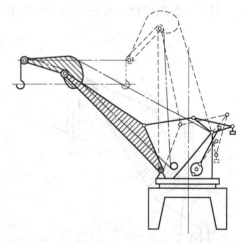

图 9-14 曲线象鼻梁组合臂架式变幅系统简图

（3）平行四边形组合臂架

如图 9-15 所示，这种组合臂架是由拉杆、象鼻梁、臂架和连杆构成的，可保证吊重在变幅过程中严格地走水平线。

二、臂架自重平衡变幅机构

为了使摆动臂架式变幅装置在变幅过程中臂架系统的重心尽可能不发生升降现象，以免由于重心升降时需要做功而引起变幅驱动功率的增大，可以采用多种形式的机构。

① 利用活动对重使臂架系统的合成重心始终位于臂架摆动平面的某一固定点上（例如臂架的铰轴上），从而避免了臂架系统合成重心在变幅过程中发生升降的现象。

如图 9-16 所示为利用尾重法来获得臂架平衡，活动对重 G_c 被布置在臂架的延长端上，臂架自重 G_b 和对重重量的合成重心刚好位于臂架铰轴 O 点上。这种平衡方法的主要优点是：构造简

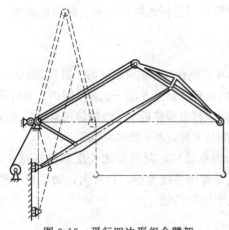

图 9-15　平行四边形组合臂架

单，工作可靠，起重机旋转部分的尾部半径小，可以在理论上达到完全平衡。其主要缺点是：对重力臂的长度受到起重机整体布置的限制，对重对起重机整体稳定性和旋转部分局部稳定性所起的稳定作用不能充分发挥，起重机的整体布置比较复杂等。这种方法目前应用较少，仅用于船舶甲板起重机。

② 利用活动对重使臂架系统的合成重心保持在接近水平线的轨迹上。

如图 9-17 所示为利用杠杆-活动对重法来获得臂架平衡的工作原理。它是根据作用在对重铰点 O 上的臂架系统自重力矩尽可能等于对重力矩这一基本原理设计的。由于对重与臂架分离，采用杠杆连接，组成非平行四边形四杆机构。因而可以在臂架摆动角度不变的条件下，使对重臂的摆角得以显著增大，从而增大对重的升降高度，减少对重的重量，并充分发挥对重对起重机稳定性的作用。这种平衡方法的优点在于形式比较方便，缺点在于变幅过程中合成重心不能严格保持在水平线上，但通过合理设计，可使误差缩小到很小程度，满足实际要求。

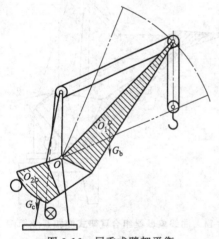

图 9-16　尾重式臂架平衡

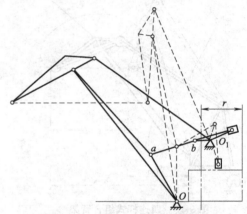

图 9-17　杠杆式活动对重装置

图 9-18 所示的是挠性件-活动对重式平衡系统。如果平衡重块的滑轨是直线的，则它也不可能在任意位置上达到平衡。这种系统构造简单，尾部半径较小，缺点是挠性件容易磨损。

③ 依靠臂架系统的构造特点（机构特点）保证臂架重心在变幅过程中沿接近于水平线的轨迹移动。

如图 9-19 所示，图（a）中的 G_b 和图（b）中的 G_1 与 G_2 的合成重心设计在水平线 A—A 上，它们将永远在 A—A 上移动。这种系统构

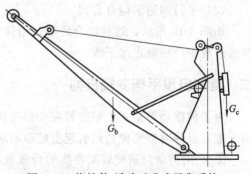

图 9-18　挠性件-活动对重式平衡系统

造复杂，受力情况不利，稳定性较差，除少数特殊情况下采用，一般很少采用。

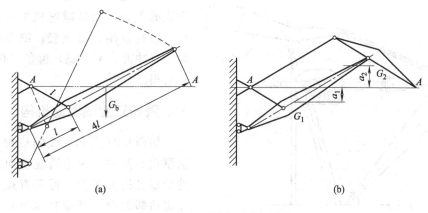

图 9-19 自重平衡的臂架系统

第三节 变幅驱动机构

变幅驱动机构主要有绳索滑轮组变幅驱动机构、齿条变幅驱动机构和液压缸变幅驱动机构等型式。

一、绳索滑轮组变幅驱动机构

如图 9-20 所示，臂架通过绳索滑轮组连到变幅卷筒上，依靠变幅绞车卷筒收放钢丝绳实现臂架绕其绞轴摆动以达到变幅的目的。这种传动形式的优点在于构造简单、自重轻、布置方便、臂架受力好；缺点在于效率低、绳索易磨损、不能承受压力等。

为防止小幅度下臂架后倾，可以采用增加连杆的形式加以防止，见图 9-21。

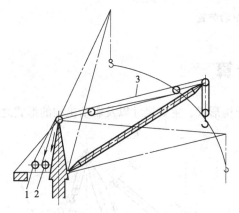

图 9-20 绳索滑轮组变幅驱动机构

1—起升卷筒；2—变幅卷筒；3—变幅滑轮组

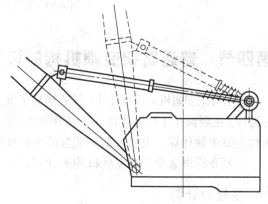

图 9-21 机架防倾装置

二、齿条变幅驱动机构

如图 9-22 所示，驱动机构采用的是齿条推动臂架。齿条是由装设在机器房顶上的电动机通过减速器和最后一个驱动小齿轮来驱动的。对于较大型的起重机，齿条常制成针齿的形

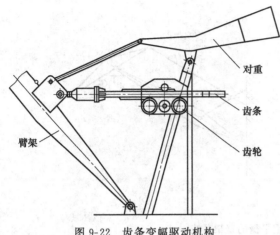

图 9-22　齿条变幅驱动机构

式，以简化制造和维修工作。这种传动形式的主要优点是减速机构的传动比较小，结构紧凑，自重轻；缺点是启动和制动有冲击，不平稳，齿条工作条件差、易磨损。

三、液压缸变幅驱动机构

如图 9-23 所示，变幅机构采用液压缸驱动。其中，为了适应双向受力工作性变幅机构的需要，臂架直接由装在机器房顶部的液压活塞杆来推动。随着液压技术的发展，这种驱动形式得以推广和应用。

这种传动形式的优点是结构紧凑、自重轻、布置方便、运行平稳，可实现无级调速；缺点是制造精度要求高，液压油的泄漏会导致臂架幅度的定位准确度降低。

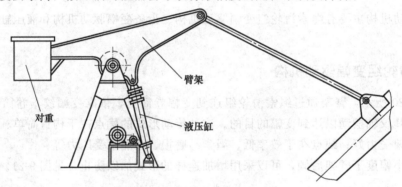

图 9-23　液压缸变幅驱动装置

第四节　普通臂架变幅机构的设计计算

普通臂架变幅机构设计计算，要在确定了臂架的结构形式、主要尺寸以及驱动机构的形式之后进行。主要设计计算内容有：变幅力的计算；变幅机构主要参数计算；电机及制动装置的选择计算。

主要介绍绳索滑轮组变幅机构的计算。

一、变幅力计算

1. 正常工作时的变幅力

汽车、轮胎、履带、铁路等流动式起重机的变幅机构理论上是非工作性的，带载变幅不是起重机正常工作循环的组成环节，但在实际作业中，带载变幅有时难以避免。因此，在计算普通臂架的变幅力时，应该考虑带载变幅的情况。

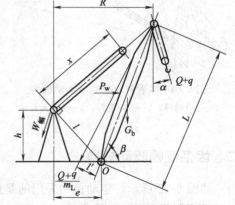

图 9-24　绳索滑轮组变幅机构计算简图

正常工作时的变幅力（变幅滑轮组拉力）一般以变幅和回转两机构同时工作、机构均做稳定运动的工况计算。

按正常工作时的变幅力确定机构功率（图 9-24）：

$$T=\frac{1}{l}\left[(Q+q)\left(L\cos\beta+L\sin\beta\tan\alpha-\frac{l'}{m_L}\right)+\frac{1}{2}(G_b+P_w)L\cos\beta+\frac{n_t^2}{900}G_bRL\sin\beta\right]$$

$$(9-1)$$

式中　T——变幅滑轮组拉力；

$Q+q$——物品和吊具重力；

G_b——臂架偶的重力；

P_w——作用在臂架重心处的风力；

l——变幅滑轮组中心线至铰点 O 的垂直距离；

L——臂架长度；

l'——起升滑轮组拉力至铰点 O 的垂直距离；

m_L——起升滑轮组的倍率；

n_t——转台回转速度，min^{-1}；

R——幅度；

β——臂架仰角；

α——吊重钢丝绳偏摆角，一般取 $\alpha\approx\alpha_I$，功率计算时 $\alpha_I=(0.25\sim0.3)$
　　　α_{II}，$\alpha_{II}=3°\sim6°$。

2. 最大变幅力

按最大变幅力验算机构零件。最大变幅力按下列三种工况计算。

① 稳定回转时起升物品。

$$T'_{max}=\frac{1}{l}\left[\varphi(Q+q)\left(L\cos\beta-\frac{l'}{m_L}\right)+(Q+q)L\sin\beta\tan\alpha+\frac{1}{2}(G_b+P_w)L\cos\beta+\frac{n_t^2}{900}G_bRL\sin\beta\right]$$

$$(9-2)$$

式中　φ——起升载荷动载系数，$\varphi=1.15\sim1.30$。

② 变幅机构带载启动。

$$T''_{max}=\frac{1}{l}\left[\varphi_1(Q+q)\left(L\cos\beta-\frac{l'}{m_L}\right)+(Q+q)L\sin\beta\tan\alpha+\frac{1}{2}(\varphi_1 G_b+P_w)L\cos\beta\right]$$

$$(9-3)$$

式中　φ_1——动载系数，$\varphi_1=1.05\sim1.10$。

③ 臂架安装时，从地面拉起臂架（图 9-25）。

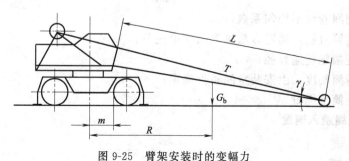

图 9-25　臂架安装时的变幅力

此时最大变幅力为：

$$T''_{max} = \frac{1.2 G_b}{L \sin\gamma}$$ (9-4)

式中 1.2——考虑臂架惯性和其他超载因素的系数；

γ——臂架与变幅滑轮组中心线之间的夹角。

二、变幅机构参数计算

1. 变幅钢丝绳最大拉力和钢丝绳选择

$$S_{max} = \frac{T_{max}}{m_1 \eta_d \eta_1}$$ (9-5)

式中 T_{max}——取式（9-2）～式（9-4）中最大值；

m_1——变幅滑轮组倍率；

η_d——导向滑轮效率；

η_1——变幅滑轮组效率。

按 S_{max} 及钢丝绳选择系数 C 确定变幅钢丝绳直径。变幅机构工作级别为 M1～M3。

若选择变幅钢丝绳规格与起升绳相同，则变幅滑轮组倍率为：

$$m_1 = \frac{n T_{max}}{F_0 \eta_d \eta_1}$$ (9-6)

式中 n——按变幅机构工作级别确定的安全系数；

F_0——所选起升绳的破断拉力。

2. 变幅卷筒卷绕量及卷绕层数

变幅卷筒卷绕量由变幅滑轮组动滑轮与定滑轮之间的距离 x 的变化量决定。

$$x = \frac{L\sin\beta - h}{\sin\left(\arctan\dfrac{L\sin\beta - h}{l\cos\beta + e}\right)}$$ (9-7)

式中 h——变幅滑轮组定滑轮中心与臂架铰点 O 之间的垂直距离；

e——变幅滑轮组定滑轮中心与臂架铰点 O 之间的水平距离。

从最大幅度变到最小幅度时（仰角由 β_{min} 变到 β_{max}），卷筒绕绳量为：

$$l_k = (x_{max} - x_{min}) m_1$$

式中 x_{max}，x_{min}——可由 β_{min}、β_{max} 代入式求得。

变幅卷筒由于绕绳量大，布置空间有限，一般采用多层卷绕，卷绕层数按下式计算：

$$n = \frac{\left(\pi^2 D_0^2 + \dfrac{1.1 l_k}{l_t} 4\pi d^2\right)^{\frac{1}{2}} - \pi D_0}{2\pi d}$$

式中 1.1——钢绳卷绕不均匀系数；

D_0——卷筒直径，确定方法见第二章第三节；

d——变幅钢丝绳直径；

l_t——卷筒长度，由安装空间条件确定；

l_k——卷筒绕绳量。

3. 变幅钢丝绳绕入速度

$$v_a = m_1 \frac{x_{max} - x_{min}}{t}$$ (9-8)

式中　t——由最大幅度 R_{max} 到最小幅度 R_{min} 的变幅时间。

三、变幅机构电机选择

按机构静功率 P 和接电持续率 JC 选择电动机。普通臂架滑轮组式变幅机构接电持续率 JC=15％，电动机静功率为：

$$P_j = \frac{T v_a}{1000 m_1 \eta \eta_1 \eta_d} \text{（kW）} \tag{9-9}$$

式中　T——正常工作时间变幅滑轮组的变幅力，N；

　　　v_a——变幅钢丝绳卷绕速度，m/s；

　　　η——变幅机构传动效率；

　　　m_1——变幅滑轮组倍率，见式（9-6）；

　　　η_1——变幅滑轮组效率；

　　　η_d——导向滑轮组效率。

普通臂架的变幅机构属于非工作性变幅机构，按上式确定的电动机功率一般不需要进行电动机启动能力和发热校核。

牵引小车式变幅：牵引小车式变幅机构计算见本书第八章牵引小车式运行机构的计算。

液压缸变幅：普通定长臂和伸缩臂液压变幅机构计算与绳索滑轮组变幅基本相同，变幅力计算公式可直接引用，注意公式中的 l 在此表示液压缸的作用力臂，液压变幅力的大小及液压缸行程、臂架受力等与液压缸安装方式、铰接位置密切相关。

思　考　题

1. 变幅机构的结构形式有哪几种？各有何特点？

2. 绳索滑轮组变幅机构在平稳工作时，变幅力如何计算？变幅钢丝绳最大拉力如何计算？

第十章

回转机构

回转机构是臂架类型起重机的重要工作机构之一，它可以使起重机的回转部分相对于非回转部分作回转运动，进而使被吊重物绕起重机的回转中心作圆弧运动，实现在圆形区域内运输重物的目的。回转机构在门座式起重机、塔式起重机、轮胎式起重机、浮式起重机中应用最多，在有些桥式起重机中，为扩大工作范围，也会安装回转机构。

回转机构由回转支承装置和回转驱动机构两大部分组成：

① 回转支承装置用来将回转部分支承在非回转部分上，保证回转部分有确定的运动，并承受回转部分作用于其上的垂直力、水平力和倾覆力矩。

② 回转驱动机构用以驱动回转部分相对于非回转部分作回转运动。

第一节　回转支承装置

回转支承装置类型较多，一般分为柱式与转盘式两大类。

一、柱式回转支承装置

柱式回转支承装置由带有上、下支承的柱状构架支承起重机的回转部分。柱状构架不随起重机回转部分一起转动的称为定柱式（图10-1）；柱状构架随起重机回转部分一起转动的称为转柱式（图10-2）。

1. 定柱式回转支承装置

定柱式回转支承装置结构简单，便于制造，回转部分转动惯量小，自重轻，驱动功率也小，还有利于降低起重机的重心。

定柱式回转支承装置如图10-3所示，其上支承1一般用径向轴承和止推轴承来承受水平力 H_1 和垂直力 V；其下支承4用水平轮来承受水平力 H_2。

定柱式回转支承装置的构造如图10-4所示，上支承由推力轴承与径向轴承组成，两者的球心重合且均具有自位功能；下支承由于定柱下部直径大，通常制成滚轮的形式，滚轮装在转动部分上。

2. 转柱式回转支承装置

转柱式回转支承装置结构简单、制造方便，适用于起升高度和工作幅度较大而起重机的高度尺寸没有严格限制的起重机（如塔式、门座起重机）。

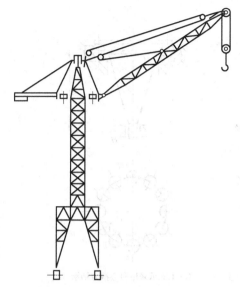

图 10-1 一种定柱式塔式起重机

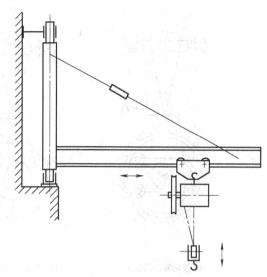

图 10-2 一种带有运行小车的转柱式起重机

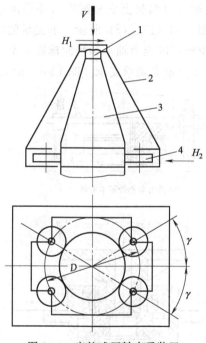

图 10-3 定柱式回转支承装置

1—上支承；2—回转部分；3—定柱；4—下支承

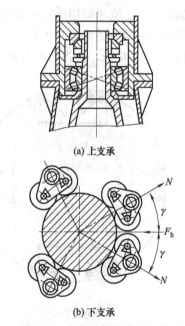

(a) 上支承

(b) 下支承

图 10-4 定柱式回转支承的构造

转柱式回转支承装置的上支承采用水平滚轮。水平滚轮同样可以安装在起重机非回转部分上 [图 10-5 (a)] 或起重机回转部分上 [图 10-5 (b)]。通常采用后一种形式，因为这种安装形式能根据倾覆力矩作用方向合理布置滚轮。其下支承的结构与定柱式回转支承装置的上支承结构类似。有的起重机的上支承不采用水平滚轮，而采用一个大型向心推力轴承 [图 10-5 (c)]，这就使得下支承不承受垂直力，故下支承只须安装一个自位向心轴承。

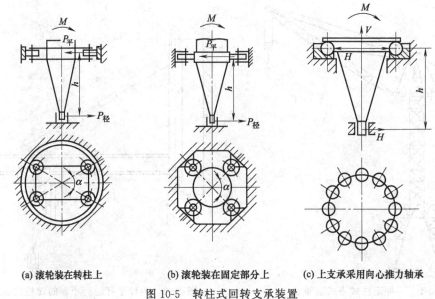

(a) 滚轮装在转柱上　　　(b) 滚轮装在固定部分上　　　(c) 上支承采用向心推力轴承

图 10-5　转柱式回转支承装置

图 10-6 所示为转柱式上、下支承的构造。转动心轴可以调整上支座滚轮与环形滚道之间的间隙。上支承采用滚轮式结构时下支承的构造如图 10-6 (b)、(c) 所示。下支承的作用是承受回转部分的重量和水平力，一般采用有自动调位作用的推力轴承和径向球面轴承组合结构 [图 10-6 (c)]；当水平力较小时，也常采用单个径向推力轴承支承 [图 10-6 (b)]。

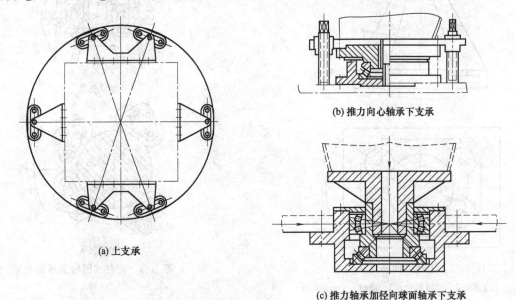

(a) 上支承

(b) 推力向心轴承下支承

(c) 推力轴承加径向球面轴承下支承

图 10-6　转柱式回转支承装置的上、下支承

二、转盘式回转支承装置

转盘式回转支承装置通常由上、下（或内、外）装盘及滚动体组成。上、下（或内、外）转盘分别固定在起重回转部分与固定部分（底架或门架）上，滚动体装在上、下（或内、外）转盘之间。根据滚动体的形式不同，分为滚轮式、滚子夹套式和滚动轴承式三种。

过去的中小吨位的起重机上使用的滚轮式回转支承现在多已被滚动轴承式的取代。

1. 滚子夹套式回转支承装置

这种回转支承装置的结构如图 10-7 所示，由多个直径较小的圆柱或锥形滚子装在上下两个环形滚道之间。为了防止滚子相互接触和产生运动干扰，必须采用保持架将滚子隔开。圆柱形滚子通常利用心轴装在由扁钢或槽钢做成的保持架上［图 10-8（a）］；由于圆锥形滚子有轴向分力，因此滚子都装在辐状拉杆的保持架上［图 10-8（b）］，这些辐状拉杆固定在装于中心轴枢上的轴套上，以消除锥形滚子产生的轴向力。

回转运动的对中与承受水平载荷，通常采用中心轴枢。为防止回转部分的倾翻，可采用反滚子，也可采用带螺母的中心轴枢（图 10-7）。

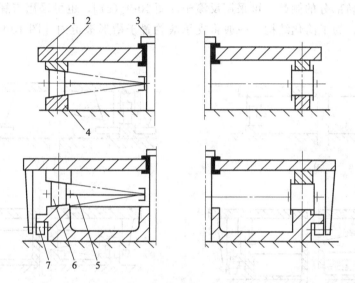

图 10-7　滚子夹套式回转支承装置

1—转盘；2—转动轨道；3—中心轴枢；4—固定轨道；5—拉杆；6—滚子；7—反滚子

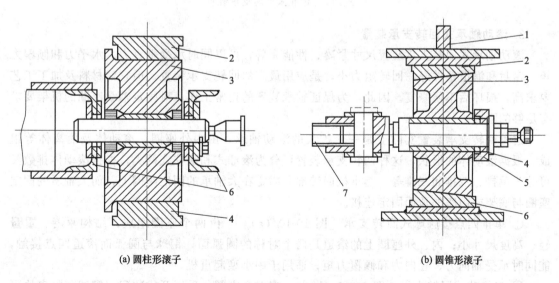

(a) 圆柱形滚子　　　　　　　　　　　　(b) 圆锥形滚子

图 10-8　圆柱形和圆锥形滚子构造

1—转盘；2—转动滚道；3—滚子；4—止推轴承；5—隔离架；6—固定滚道；7—辐状拉杆

2. 滚轮式回转支承装置

这种回转支承装置的特点是起重机回转部分支承在滚轮组成的三个或四个支点上。图10-9为滚轮装置的结构简图。滚轮的形状分为圆柱形（如图10-9的右面视图）和圆锥形（如图10-9之左面视图）。圆柱形滚轮当内、外端回转半径不同时，滚动时有速度差，使滚轮和滚道之间产生滑动，增大了运行阻力，加快了滚轮的磨损。锥形滚轮可以保证滚轮与滚道之间为纯滚动；但是滚道也要做成锥形或使滚轮与水平面成一角度，从而使制造困难；并且锥形滚轮会使滚轮在传递垂直压力时产生水平的轴向分力，因此在滚轮内要装轴向止推轴承，以承受轴向分力。

回转运动的对中与承受水平载荷，通常采用中心轴枢或内外装的水平的滚轮［图10-9(b)］。为防止回转部分的倾翻，可采用反滚子［图10-9(c)］，也可采用带螺母的中心轴枢。对于小型起重机，为了简化结构，一般将支承滚轮置于槽形滚道内［图10-9(d)］，使其兼起反滚子的作用。

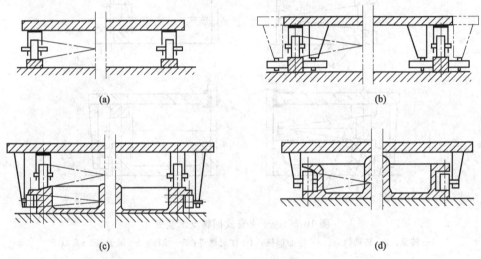

图10-9　滚轮式回转支承装置

3. 滚动轴承式回转支承装置

滚动轴承式回转支承装置尺寸紧凑、性能完善，可以同时承受垂直力、水平力和倾覆力矩，密封和润滑条件好，回转阻力小，是应用最广的回转支承装置。但它对材料及加工工艺要求高，损坏后不便修复。因此，为保证轴承装置的正常工作，对固定轴承座圈的机架要求有足够的刚度。

这种回转支承装置实际上是一个扩大的滚动轴承，由内外座圈、滚动体及隔离体等组成。根据滚动体的形状，这种回转支承装置可分为滚球式和滚柱式两类；根据滚动体排数又可分为单排、双排和三排等。起重机回转部分固定在大轴承的固定座圈上，而大轴承的固定座圈与底架或门座的顶面固定连接。

①单排四点接触球式回转支承［图10-10(a)］　由两个座圈组成，结构紧凑、重量轻、高度尺寸小；内、外座圈上的滚道是两个对称的圆弧面，钢球与圆弧面滚道四点接触，能同时承受轴向力、径向力和倾覆力矩；适用于中小型起重机。

②双排球式回转支承［图10-10(b)］　有三个座圈，采用开式装配，钢球和隔离块可直接排入上、下滚道，上下两排钢球采用不同直径以适应受力状况的差异；滚道接触压力角

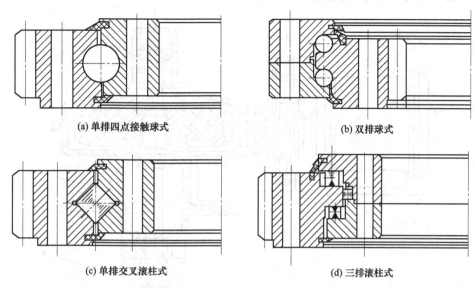

(a) 单排四点接触球式　　　　　　　　(b) 双排球式

(c) 单排交叉滚柱式　　　　　　　　(d) 三排滚柱式

图 10-10　常用的四种滚动轴承式回转支承装置

较大（60°～90°），因此能承受很大的轴向载荷和倾覆力矩；适用于中型塔式起重机和汽车起重机。

③ 单排交叉滚柱式回转支承 ［图 10-10（c）］　由两个座圈组成，滚柱轴线 1：1 交叉排列，接触压力角为 45°；由于滚柱与滚道间是线接触，所以承载能力高于单排钢球式；这种回转支承制造精度高，装配间隙小，安装精度要求较高，适用于中小型起重机。

④ 三排滚柱式回转支承 ［图 10-10（d）］　由三个座圈组成，上、下及径向滚道各自分开；上下两排滚柱水平平行排列，承受轴向载荷和倾覆力矩，径向滚道垂直排列的滚柱承受径向载荷；是常用四种形式的回转支承中承载能力最大的一种，适用于回转支承直径较大的大吨位起重机。

第二节　回转驱动机构

回转驱动机构由驱动装置（原动机和传动装置）和回转驱动元件等组成。

回转驱动元件是指回转驱动机构的最后一级传动，它由大齿圈与行星小齿轮组成。通常情况下，大齿圈固定在起重机的底座上，行星小齿轮安装在固定于回转平台上的回转驱动装置的立轴上（需要时，有的也将大齿圈固定在回转平台上，小齿轮固定在底座上）。大齿圈可作为外齿，也可作为内齿。大齿圈与行星小齿轮通常采用渐开线齿轮。当大齿圈直径太大时，为了制造简单，常采用由多根销轴组成的针齿轮，与针齿轮啮合的行星小齿轮为摆线齿轮。

驱动装置中的原动机，可以是电动机、液压马达或者某一根驱动轴，其选择是由起重机的动力源所决定的。目前，起重机多采用电力驱动和液压驱动。

一、电动回转驱动装置

目前在电动起重机上主要采用下列三种形式的回转驱动装置。

1. 卧式电动机与蜗轮减速器驱动（图 10-11）

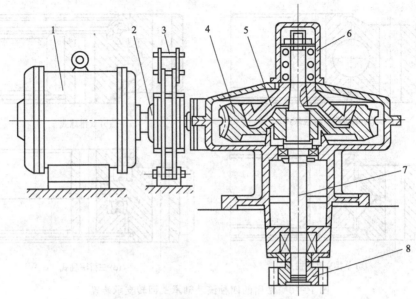

图 10-11　卧式电动机与蜗轮减速器驱动
1—卧式电动机；2—联轴器；3—制动器；4—蜗轮减速器；
5—极限力矩联轴器；6—压紧弹簧；7—立轴；8—行星小齿轮

它具有传动比大、结构紧凑的优点，缺点是传动效率低，常用于结构要求紧凑的中小型起重机上。

该驱动装置中极限力矩联轴器的作用是：①防止回转机构过载，保护电动机和驱动元件；②风力过大时，允许臂架结构被风吹至顺风方向，减小迎风面积，保证整机的稳定性。其摩擦锥面与蜗轮内锥面靠弹簧 6 压紧，而将蜗轮的运动传给立轴 7。压紧弹簧张力用螺母调整，以得到要求传递的力矩值。当回转机构的回转力矩超过此力矩值时，极限力矩联轴器就打滑，使立轴 7 不随蜗轮一起转动。

2. 立式电动机与立式圆柱齿轮减速器驱动（图 10-12）

其优点是平面结构紧凑，占据车架面积小，传动效率较高。它主要用在门座起重机上。为了增大传动比，有的采用三级齿轮减速的减速器。

3. 立式电动机与行星减速器驱动

这种驱动形式是利用行星减速器、摆线针轮传动、渐开线少齿差传动或谐波传动等代替立式圆柱齿轮减速器，以获得传动比更大、结构更紧凑的驱动装置，是起重机回转机构较理想的传动方案。中小起重量的起重机，其回转机构一般为一套驱动装置，大起重量起重机有时采用同规格的双套驱动装置。

电动回转机构常采用自动作用的常闭式制动器（塔式起重机和门座式起重机例外）。对于塔式起重机和门座式起重机一般采用可操纵的常开式制动器，以避免制动过猛，且在遇有强风时，能自动回转到顺风位置，减小倾翻的危险。

二、液压回转驱动装置

1. 高速液压马达与涡轮减速机器或行星减速器传动

该传动在形式上与电力驱动基本相同。液压驱动的小起重量起重机，通过液压回路和换

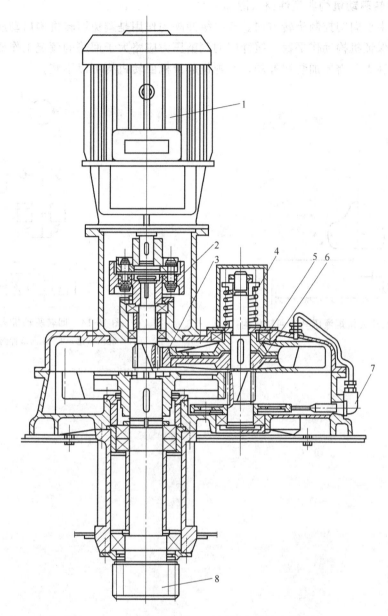

图 10-12　立式电动机与立式圆柱齿轮减速器驱动

1—立式电动机；2—带制动轮的联轴器；3—极限力矩联轴器的齿圈；4—压紧弹簧；

5,6—极限力矩联轴器的上、下锥体；7—柱塞式润滑油泵；8—与大齿轮啮合的小齿轮

向阀的合理配置，可以使回转机构不装制动器，同时保证回转部分在任意位置上停住，并避免冲击。高速液压马达的驱动形式，在轮式起重机上应用较广。

2. 低速大扭矩液压马达回转机构（图 10-13）

低速大扭矩液压马达直接在马达轴上安装回转机构的小齿轮，若马达输出扭矩不能满足传动要求，则可以加装一级机械减速装置。该机构一般应用在一些小吨位汽车起重机上。

采用低速大扭矩液压马达可以省去或减少减速装置，因此结构紧凑。但低速大扭矩液压马达成本高，使用可靠性不如高速液压马达。

3. 液压回转驱动机构典型油路 （图 10-14）

液压马达由换向阀控制旋转方向。双向缓冲阀的作用是避免回转机构启动或制动时产生过高的压力，保证机构动作平稳。缓冲阀的调整压力应略大于回路的额定工作压力。大吨位起重机回转惯性大，需要加装缓冲阀，小吨位起重机回转机构可以不装。

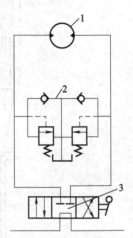

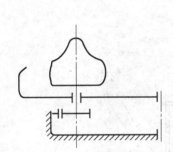

图 10-13 低速大扭矩液压马达回转机构

图 10-14 回转驱动机构典型油路

1—液压马达；2—双向缓冲阀；3—换向阀

第十一章

桥式类型起重机

桥式类型起重机主要包括桥式起重机、龙门起重机（简称门式起重机）、冶金专用起重机和缆索起重机等。由于桥式起重机和门式起重机用途广泛（图 11-1），本章主要介绍这两种起重机。

(a) 单梁葫芦桥式起重机

(b) 双梁葫芦桥式起重机

(c) 双梁小车门式起重机

图 11-1　桥式类型起重机

第一节 桥式起重机

一、桥式起重机的用途和分类

桥式起重机通常用于生产车间、料场、电站、仓库中的物料搬运及设备的安装和检修等。

桥式起重机安装在厂房高处两侧的吊车梁上，整机沿铺设在吊车梁上的轨道纵向行驶，起重小车沿小车轨道横向行驶，吊具则作升降运动。桥式起重机的搬运空间为长方体，与普通厂房的结构相适应。

桥式起重机的种类较多，常见的有下面三种形式。

① 通用桥式起重机：取物装置为吊钩，适用于各种物料的搬运，通用性强。

② 抓斗式桥式起重机：取物装置是抓斗，用于大批量散粒物料的搬运。

③ 电磁桥式起重机：取物装置为电磁吸盘，为专用起重机，用于铁磁性物料的搬运。

二、桥式起重机的钢结构

桥式起重机的钢结构主要由桥架和小车架两大部分构成，桥架由主梁和端梁连接而成。

（一）桥架

桥架是指由起重机主梁与端梁组成的钢结构（图11-2），通常采用焊接或螺栓连接的金属连接方式，主要有单梁桥架和双梁桥架两种钢结构形式。

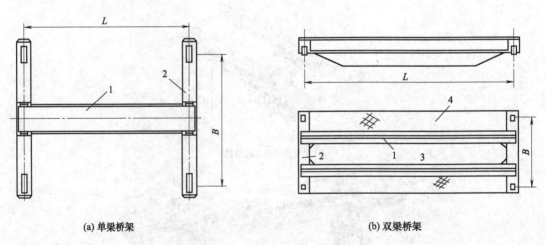

(a) 单梁桥架   (b) 双梁桥架

图 11-2 通用桥式起重机桥架

1—主梁；2—端梁；3—轨道；4—走台

1. 主梁

主梁结构形式主要有型钢梁、箱形和桁架。

① 型钢梁一般采用工字钢或工字钢与钢板构成的组合形式，如图11-3所示。这种主梁采用的小车一般是电动葫芦，整体结构形式简单，起重量较小。

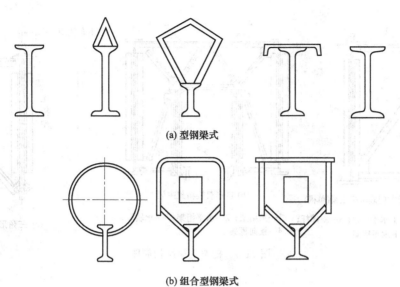

(a) 型钢梁式

(b) 组合型钢梁式

图 11-3　型钢梁式主梁截面形式

② 箱形梁是应用广泛的一种结构形式，它主要由钢板焊接而成，制造工艺简单、通用性强，缺点是自重大（图 11-4）。

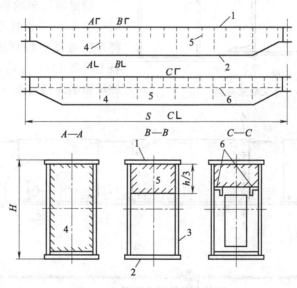

图 11-4　箱形主梁的构造简图
1—上盖板；2—下盖板；3—腹板；4—大加劲板；5—小加劲板；6—水平加劲角钢

③ 桁架式采用通过型材连接而成的横梁结构，分为三角形桁架、四桁架式及Ⅱ形双梁桁架（图 11-5）。桁架式横梁结构制造工艺复杂，但迎风面积小且自重轻。

Ⅱ形双梁桁架式龙门起重机的金属结构承载能力大、刚性好，适用于高速作业的机型，但自重较大，小车不便于维护；四桁架式结构适用于较大起重量和高速作业的机型，且自重较轻、小车易维护，目前应用很多；三角形截面主梁是由四桁架式结构演变而来，构造简单且自重最轻，但它在大车运行方向的水平刚度不如上述两种结构，所以仅在中小起重量、中等作业速度与跨度的机型上使用。

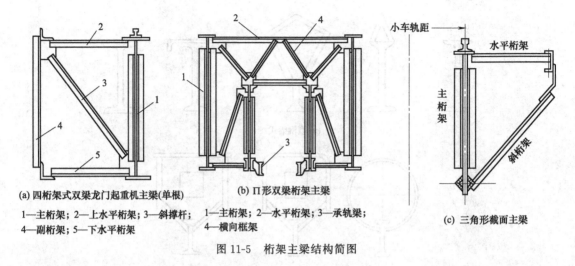

(a) 四桁架式双梁龙门起重机主梁(单根)

1—主桁架；2—上水平桁架；3—斜撑杆；
4—副桁架；5—下水平桁架

(b) Π形双梁桁架主梁

1—主桁架；2—水平桁架；3—承轨梁；
4—横向框架

(c) 三角形截面主梁

图 11-5 桁架主梁结构简图

2. 端梁

端梁是起重机桥架的组成部分之一。端梁通常采用钢板冷压成 U 形，再经组焊形成箱形端梁 [图 11-6 (a)]，也可用型钢或钢板组焊的箱形端梁 [图 11-6 (b)、(c)]。

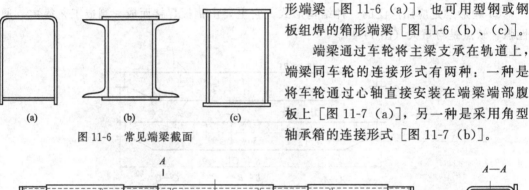

(a)　　　　　(b)　　　　　(c)

图 11-6　常见端梁截面

端梁通过车轮将主梁支承在轨道上，端梁同车轮的连接形式有两种：一种是将车轮通过心轴直接安装在端梁端部腹板上 [图 11-7 (a)]，另一种是采用角型轴承箱的连接形式 [图 11-7 (b)]。

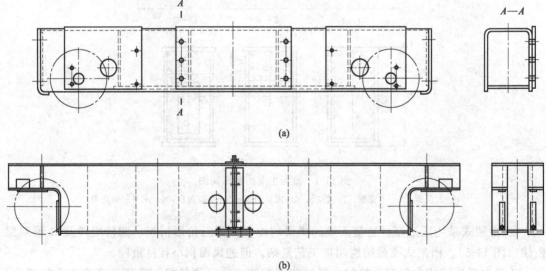

图 11-7　端梁与车轮的连接

3. 主梁与端梁的连接

端梁与主梁的连接可分为焊接接头和法兰板接头两种形式。

焊接接头的连接形式是将主梁端部的上、下盖板延伸搭接在端梁的上、下盖板上，经焊接后固定，并将主梁的腹板与端梁的腹板通过焊接连接板连接在一起。这种端梁中间分为两段，便于运输，工作时用连接板或连接角钢通过螺栓连成整体［图 11-8（a）］。

法兰板接头的连接形式是端梁的腹板上焊有法兰连接板，用高强度螺栓与主梁端部法兰板连接。运输时可拆卸掉法兰板上的连接螺栓［图 11-8（b）］使主梁端梁分离。

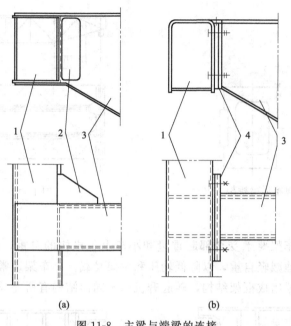

(a)　　　　　　　　　　　　(b)

图 11-8　主梁与端梁的连接

1—端梁；2—焊接连接板；3—主梁；4—法兰连接板

4. 双主梁桥架的几种结构形式

（1）正轨箱形梁桥架（图 11-9）

正轨箱形梁桥架由两根主梁和两根端梁构成。主梁与端梁通过连接板连接在一起形成刚性结构，小车轨道通过压板固定于主梁盖板中央，主梁外侧另设走台。

（2）偏轨箱形梁桥架（图 11-10）

偏轨箱形梁桥架是由两根偏轨梁和两根端梁构成。小车轨道安装在上盖板边缘主腹板顶处，小车轮压直接作用在主腹板上。由于属于宽形梁，因此可省掉走台。

（3）偏轨空腹箱形梁桥架（图 11-11）

偏轨空腹箱形梁桥架的结构与偏轨箱形梁桥架相似，只是在副腹板上开设许多带镶边的矩形孔洞。副腹板的开孔一方面使梁减重，另一方面便于梁内的设备进行维护及通风散热。

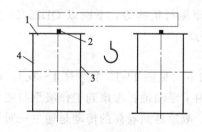

图 11-9　正轨箱形梁桥架

1—上盖板；2—轨道；3—主腹板；4—副腹板

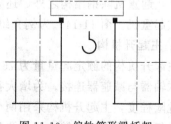

图 11-10　偏轨箱形梁桥架

（4）四桁架桥架（图11-12）

四桁架桥架由主桁架、辅助桁架、上水平桁架、下水平桁架以及箱形型端梁构成，横截面设置斜支撑以保持空间结构几何不变。

四桁架桥架占空间较大，厂房高度要求大，多在大跨度门式起重机或装卸桥上使用。

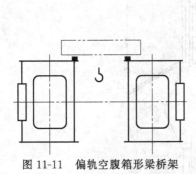

图 11-11　偏轨空腹箱形梁桥架

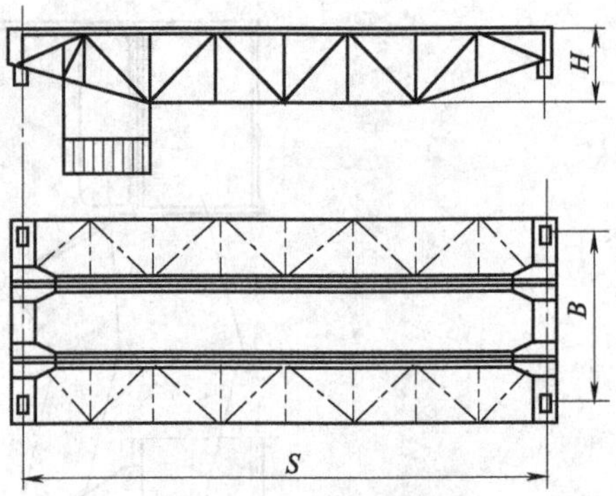

图 11-12　四桁架桥架

（二）小车架

桥式起重机的小车架要承受全部起重量和小车上各机构的自重，应有足够的强度和刚度，同时也应尽可能地减轻自重，以降低轮压和桥架受载。小车架通常为焊接结构，由两根端梁及两根或多根横梁组成框架结构，随起升机构不同而结构有所差异（图11-13）。

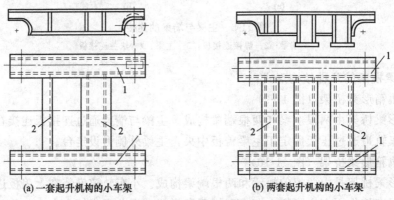

(a) 一套起升机构的小车架　　(b) 两套起升机构的小车架

图 11-13　小车架的构成

1— 小车端梁；2—小车横梁

三、桥式起重机的构造

桥式起重机除钢结构之外，还有起升机构、大小车运行机构等，下面以 QD75/20 型双梁桥式起重机（图11-14）为例介绍该起重机的机构特点。

1. 主起升机构

主起升机构的额定起重量为75t，主要传动结构如下（见图11-15中序号1～10）：电机通过联轴器与减速器连接，为增大补偿效果，中间采用了浮动轴；考虑到工作级别与被吊物品的危险程度，主起升机构采用两个制动器的双制动；减速器到卷筒的传动是通过一对开式齿轮进行的，使卷筒的转速进一步降低；滑轮组采用双联卷筒，倍率为5；吊钩采用受力情况好、自重较轻的锻造双钩。

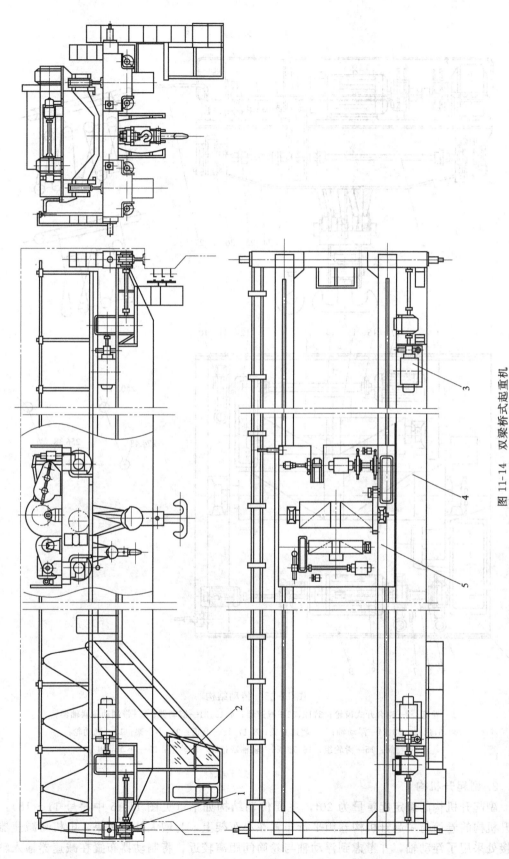

图 11-14 双梁桥式起重机

1—大车运行机构；2—司机室；3—小车运行机构；4—大车；5—小车

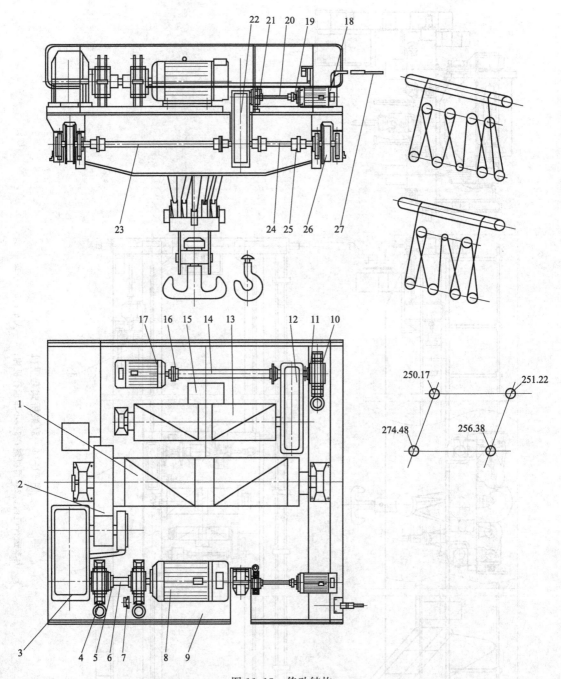

图 11-15 传动结构

1—卷筒；2—啮合开式齿轮；3,12,22—减速器；4,10,21—制动器；5—带制动轮联轴器；
6,14,20,23,24—浮动轴；7—超速开关；8,17,18—电机；9—小车架；11—制动轮；
13—卷筒；15—滑轮组；16,19,25—联轴器；26—车轮组；27—小车导电架

2. 副起升机构

副起升机构的额定起重量为 20t，主要传动结构如下（见图 11-15 中序号 11～18）：副
起升机构的卷筒与主起升机构卷筒平行布置在小车架上，为增大补偿效果，电机与减速器的
连接处采用了浮动轴，并考虑到浮动轴与卷筒间距离较近，将制动器布置在减速器输入轴的

另一侧；卷筒采用双联卷筒，倍率为 4；由于起重量为较小的 20t，因此吊钩采用单钩的结构。

3. 小车运行机构

小车运行机构（见图 11-15 中序号 19～27）：本机构采用立式减速器，电机、减速器与制动器布置在小车架上方，车轮与轴承组布置在小车架下方；考虑到小车架变形的影响，电机与减速器连接处也增加了一段浮动轴；考虑到传动的安全性，将制动器布置在减速器的近端（图 11-16）。

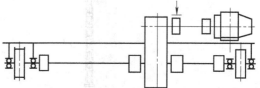

图 11-16　小车运行机构简图

4. 大车运行机构

大车运行机构（图 11-17）：本机构分别安装在大车桥架上，考虑到大车架跨度大，采用的驱动方式为分别驱动；运行机构的主动轮采用对面布置的方式，且车轮为双轮缘车轮组；在端梁两端安装有缓冲装置，当大车桥架运行到轨道终端时，起到缓冲减振的作用。

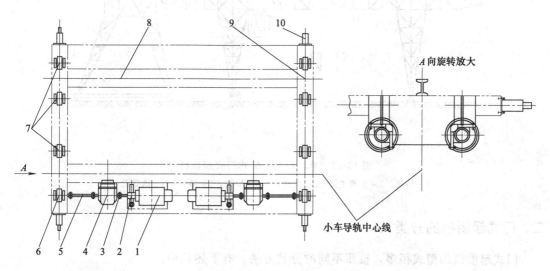

图 11-17　大车运行机构

1—电机；2—制动器；3—联轴器；4—减速器；5—浮动轴；6—主动车轮组；
7—从动车轮组；8—主梁；9—端梁；10—缓冲器

第二节　门式起重机

一、门式起重机的用途和构造

门式起重机也称龙门起重机，主要适用于露天料场、仓库码头、车站、建筑工地、水电站等，主要用于物料运输和起吊安装作业。龙门起重机是通过带有支腿的桥架组成的门架，在地面轨道或地基上运行。

门式起重机主要由门架、起升机构和大小车运行机构等组成。门架包括上部结构——桥架、下部结构——支腿、拉杆和走行梁（下横梁）等，见图 11-18。

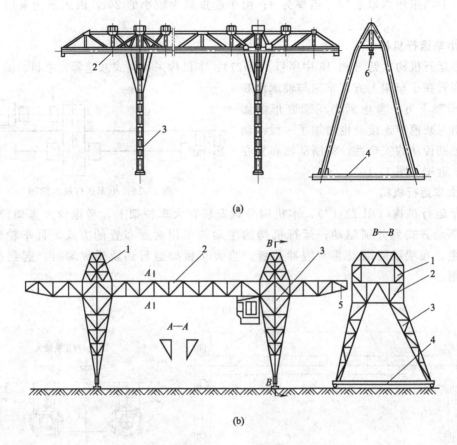

图 11-18　单、双梁桁架式门式起重机

1—马鞍；2—上部主梁；3—支腿；4—下横梁；5—端梁；6—承载梁

二、门式起重机的分类

门式起重机的型式很多，按照不同的分类方法，有下述几种：

① 按主梁数量，可分为单主梁式和双主梁式。

② 按取物装置，可分为吊钩式、抓斗式、电磁吸盘式等。

③ 门式起重机的门架分为无悬臂式、双悬臂式和单悬臂式等，见图 11-19。

④ 按结构形式，可分为桁架式、箱形梁式、管形梁式、混合结构式等。

⑤ 按支腿平面内的支腿形状，可分为 L 形、C 形单主梁龙门起重机和八字形、O 形、半门形等双梁龙门起重机，如图 11-20 所示。

⑥ 按支腿与主梁的连接方式，可分为刚性支腿式、一刚一柔支腿式，如图 11-21 所示。通常对跨度大于 35m 的龙门起重机常采用一刚一柔支腿的形式。柔性支腿与主梁之间可采用螺栓连接、柱型铰、球型铰等连接方式。

三、门式起重机的构造

门式起重机除钢结构之外，还有主副起升机构、大小车运行机构等，下面以 MDG20/5t 型单梁门式起重机（图 11-22）为例介绍该起重机的机构特点。

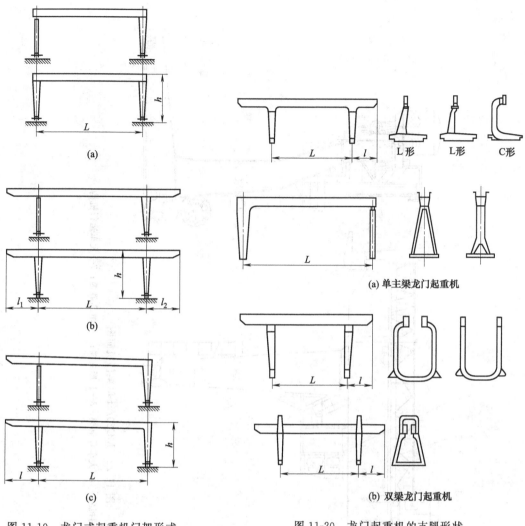

图 11-19　龙门式起重机门架形式

(a)

(b)

(c)

L形　L形　C形

(a) 单主梁龙门起重机

(b) 双梁龙门起重机

图 11-20　龙门起重机的支腿形状

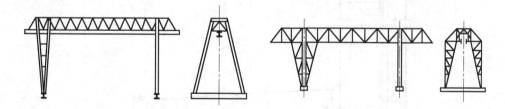

图 11-21　一刚一柔支腿桁架式龙门起重机

1. 主起升机构

主起升机构的额定起重量为 20t，主要传动结构如下（见图 11-23 中序号 10～17）：电机通过联轴器与减速器连接，为增大补偿效果，中间采用了浮动轴；同时，考虑到传动的安全性，制动器靠近减速器一侧；减速器到卷筒的传动是通过卷筒联轴器实现的；卷筒上安装有起升高度限制器；滑轮组采用双联卷筒，倍率为 4。

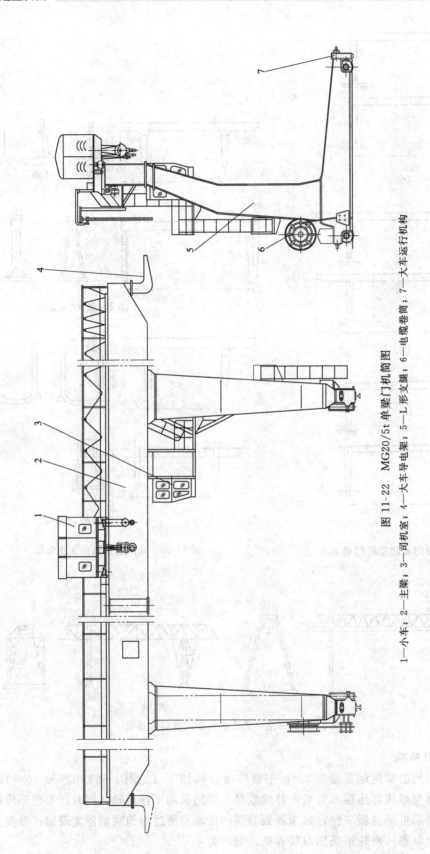

图 11-22 MG20/5t 单梁门机简图

1—小车；2—主梁；3—司机室；4—大车导电架；5—L形支腿；6—电缆卷筒；7—大车运行机构

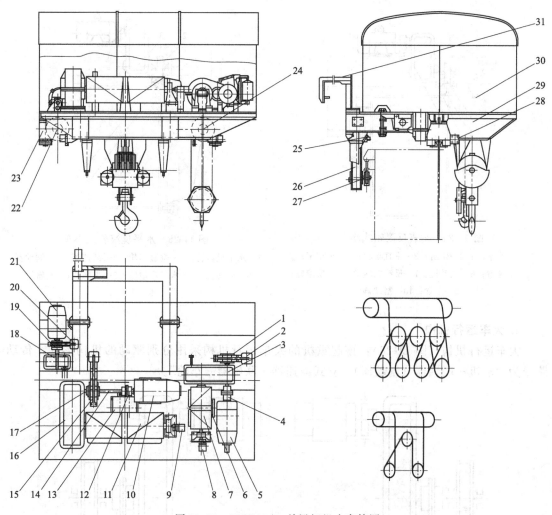

图 11-23 MDG20/5t 单梁门机小车简图

1,15,20—制动器；2,17—制动轮；3,16,18—减速器；4,12—联轴器；5,10,21—电机；
6,13—滑轮组；7,11—卷筒；8,9—开关装配；14—浮动轴；19—制动轮联轴器；22—主动车轮组；23—水平轮组；
24—从动车轮组；25—安全尺；26—反滚轮支腿；27—垂直反滚轮；28—缓冲器；29,31—小车架；30—防雨罩

2. 副起升机构

副起升机构的额定起重量为 5t，主要传动机构如下（见图 11-23 中序号 1～9）：为了紧凑布置起升机构，副起升机构与主起升机构整体相垂直；电机与减速器的连接处采用了联轴器直接连接；滑轮组采用双联卷筒，倍率为 2；由于起重量为较小的 5t，因此吊钩采用单钩的结构。

3. 小车运行机构

小车运行机构（见图 11-23 中序号 18～24）：该起重机的小车运行机构为垂直反滚轮式小车运行机构，基本原理如图 11-24 所示，为减少摩擦阻力，垂直轮采用无轮缘车轮，且以水平轮导向；减速器采用立式套装的形式，装卸方便；这种小车要求装配精度较高，常用于起重量为 5～30t 的门式起重机；当起重量为 20～50t 时，常采用水平滚轮式小车运行机构，小车自重和物品重量引起的倾覆力矩由反滚轮与主、从动车轮组所组成的力偶承受（图 11-25）。

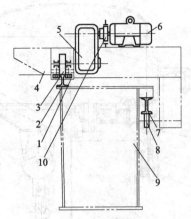

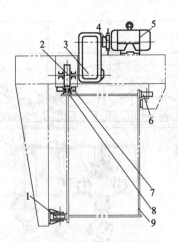

图 11-24　垂直反滚轮式小车

1—水平轮；2—轨道；3—垂直车轮；4—小车架；

5—减速器；6—电动机；7—反滚轮轨道；8—反滚轮；

9—主梁；10—制动器

图 11-25　水平反滚轮式小车

1—水平反滚轮；2—垂直车轮；3—减速器；4—制动器；

5—电动机；6—水平反滚轮；7—夹轨钳；8—轨道；

9—主梁

4. 大车运行机构

大车运行机构（图 11-26）：该起重机的大车运行机构采用分别驱动的机构形式，传动路线为"电机—联轴器（制动器）—立式减速器—联轴器—车轮"。

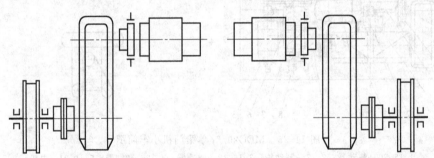

图 11-26　大车运行机构

第十二章

轮式起重机

轮式起重机是近年来发展较迅速的机型，由于它具有机动灵活、操作方便、用途广泛、效率高等一系列显著优越的性能，因此，自 20 世纪 70 年代以来，其应用范围由原来的辅助性吊装作业逐步扩大到国民经济建设的各个领域，如建筑施工、石油化工、水利电力、港口交通、市政建设、工矿及军工等部门的装卸与安装工程。

第一节　轮式起重机的特点与分类

轮式起重机是将起重机的工作机构及作业装置安装在充气轮胎底盘上，不需要轨道就能运行的起重机械。

轮式起重机具有起重机的四大工作机构，与其他起重机不同之处在于该起重机装在轮胎式底盘上。它可以有以下几种分类：

1. 按底盘的特点分类

轮式起重机按底盘的特点可分为两种：汽车起重机和轮胎起重机。汽车起重机采用汽车底盘，公路行驶能力强，大多数采用两个司机室，分别用于行驶操作和起重操作；轮胎起重机采用的是轮胎底盘，起重作业适应性强，能四面起吊重物且吊重行驶，但更适用于定点作业。具体区别参见表 12-1。图 12-1 为轮式起重机。

表 12-1　汽车起重机和轮胎起重机的主要特点

序号	项目	汽车起重机	轮胎起重机
1	底盘	采用通用或专用汽车底盘	采用专用的轮胎底盘
2	发动机	小型汽车起重机多采用一台安装在行驶底盘上的发动机；大型一般采用两台发动机，分别驱动工作机构和行驶机构，其中行驶用发动机功率较大	采用一台发动机，一般都装在上车转台上，发动机功率以满足起重作业为主
3	行驶速度	在好路面上行驶速度较高，大多数在 60km/h 以上；行驶速度高、转移方便是本机的最大特点	一般在 30km/h 以下
4	起重性能	车身较长，主要在两侧和后方吊重作业（打支腿），由于采用弹性悬挂，一般都不能吊重行驶	轮胎轴距配合较好，能四面起吊重物，在平坦地面能吊重行驶是本机的最大特点
5	通过性	转弯半径大，爬坡度较高，一般为 12°~20°	转弯半径小，爬坡度较低，一般为 8°~14°（越野式除外）
6	司机室	大多数采用两个司机室，一个用于操纵行驶，一个用于起重作业	只有一个司机室，一般设在上车转台上
7	支腿	前支腿位于前桥后面	支腿一般都配置在前桥和后桥外侧
8	使用特点	经常在较长距离的工地之间来回转移，起重和行驶并重，一般可与汽车编队行驶	适用于定点作业，不宜经常长距离转移，以起重作业为主，行驶为辅，不宜与汽车编队行驶
9	外形	轴距长，重心低，适于公路行驶	轴距短，重心高

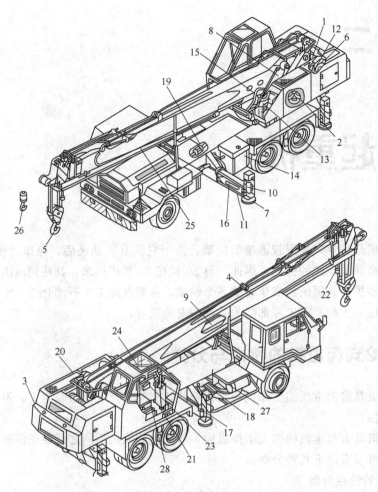

图 12-1　轮式起重机

1—起升卷扬机；2—回转机构；3—回转平台；4—吊臂；5—主吊钩；6—制动装置；7—支腿；8—变幅液压缸；
9—伸缩液压缸；10—支腿支承液压缸；11—支腿水平液压缸；12—离合器液压缸；13—回转接头；
14—液压油箱；15,16—油管；17—操纵装置；18—支腿操纵装置；19—驱动轴；20—机舱；
21—油门踏板；22—起升高度限制器；23—起重量指示器；24—雨刷；25—副臂；26—副钩；
27—手油门；28—回转制动器操纵杆

2. 按起重量大小分类

轮式起重机按起重量大小可分为四种类型：

① 小型——起重量在12t以下者。

② 中型——起重量为12~40t者。

③ 大型——起重量为40~100t者。

④ 特大型——起重量在100t以上者。

3. 按起重吊臂形式分类

轮式起重机按起重吊臂形式可分为桁架臂式和箱形臂式两种。桁架臂自重轻，可在基本臂的基础上加长连接臂，也可将桁架臂进行折叠；箱形臂常采用液压伸缩机构，根据使用需要进行逐节伸缩，在工作现场适应能力强，但吊臂自重大，在幅度较大时起重性能差（表

12-2)。

表 12-2 幅度为 7.62m 的箱型伸缩臂与桁架臂起重性能比较

臂长/m	10	12	18		24		32	
	箱形	桁架	箱形	桁架	箱形	桁架	箱形	桁架
起重量/t	30	36	25	36	20	36	14.5	35

注：表中数字取自美国 T-750 型（箱形伸缩臂）和 670-TG 型（桁架臂）汽车起重机。

4. 按传动装置的形式分类

轮式起重机按传动装置的形式可分为机械传动式、电力-机械传动式、液压-机械传动式三种类型。

机械传动式的传动装置工作可靠、传动效率高，但机构复杂、操纵费力、调速性差，现已被其他传动形式所替代。

电力-机械传动式（简称电力传动式）具有一系列优点：传动系统简单，布置方便，操纵轻巧，调速性好，电器元件易于三化，即标准化、通用化、系列化。但现有电动机能量二次转换装置体重价贵，不易实现直线伸缩动作，故仅宜在大型的桁架臂轮式起重机中采用。

液压-机械传动式（简称液压传动式）具有下列优点：结构紧凑（传动比大），传动平稳，操纵省力，元件尺寸小、重量轻、易于三化，液压传动能直接获得直线运动。液压传动的轮式起重机是现代起重机的发展方向。

第二节 轮式起重机的构造

以北京起重机器厂生产的 QY25D 型汽车起重机为例，介绍该类型轮式起重机的构造特点。QY25D 型汽车起重机的主要结构如图 12-2 所示。

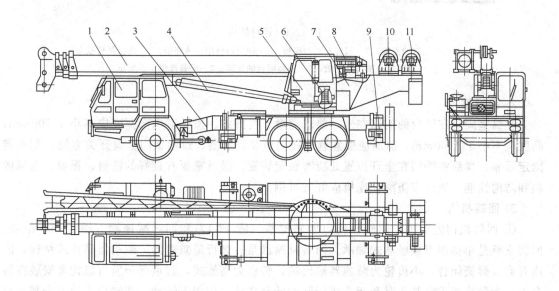

图 12-2 QY25D 汽车起重机主要结构

1—司机室；2—吊臂；3—车架；4—变幅油缸；5—操纵室；6—回转减速器；7—转台；

8—伸缩油缸；9—支腿；10—主起升机构；11—副起升机构

从图 12-2 中可以看出，汽车起重机的工作机构是由转台、操纵室、变幅机构、起升机构、吊臂和副臂、液压系统、电气系统、操纵机构和安全装置组成的。

1. 转台结构

转台是起重机上车的骨架（图 12-3），起重机上车的全部机构都安装在转台上。转台结构包括连接回转支承的底板、连接变幅油缸铰点的支架、连接吊臂铰点的支架、固定回转机构的底座、固定起升机构的底座和安装操纵室的底座。因为转台要承受吊臂和变幅油缸的轴向力、起升作业时起重机自重和吊重对回转支承连接螺栓处产生的弯矩，因此一定要有足够的强度和刚度。为了平衡起吊重物的倾覆力矩，起重机在回转平台尾部配有适当重量的铁块，以保证起重机起吊重物时的稳定。

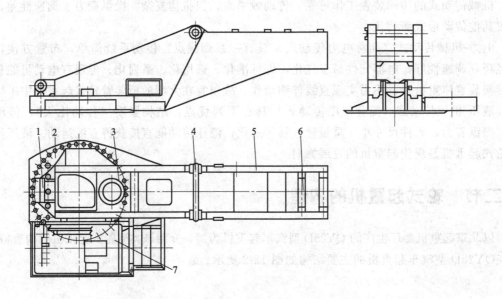

图 12-3　转台结构

1—连接变幅油缸铰点轴；2—回转支承的底板；3—固定回转结构的底板；4—连接吊臂铰点轴；
5—固定起升机构的底板；6—安装配重的支架；7—安装操纵室的底座

2. 操纵室

操纵室固定在转台的前部左侧，要求宽敞、视野好。操纵室内部宽度应不小于 700mm，高度应不小于 1400mm，前窗应配置遮阳板门窗和刮水器。遮阳板门窗应开关方便，刮水器固定可靠。操纵室的门在全开位置处应有锁定装置。操纵室要有良好的密封、保温、通风散热和防雨性能，地板应防滑，座椅应舒适可调。

3. 回转机构

① 回转机构的结构　回转机构由回转支承（图 12-4）和回转减速器（图 12-5）组成。回转支承是单排四点接触球式轴承。回转减速器是一级行星减速器，制动器是片式结构，液压开启、弹簧闭合，小齿轮为减速器输出端，转台为高架式，起重部分所有机构都安装在转台上。为防止起重机驻车时和起重机行驶时转台在外力作用下转动，在转台右后方安装有机械插销装置。

② 回转机构的工作原理　回转机构的作用是配合起升、变幅、吊臂伸缩等机构的运动，使载荷能在任一个点上进行作业。回转机构的结构总成如图 12-6 所示。

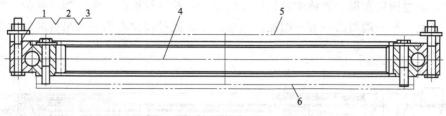

图 12-4　支承总成

1—连接螺栓；2—垫圈；3—螺母；4—回转支承；5—转台底板；6—车架连接板

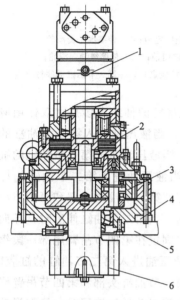

图 12-5　回转减速器

1—液压马达；2—制动器；3—减速机构；

4—座圈；5—转台底板；6—输出小齿轮

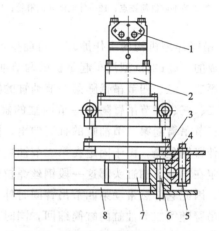

图 12-6　回转机构总成

1—液压马达；2—回转减速器；3—转台连接板；

4—滚动支承；5—与转台连接的螺栓；6—与底盘连接的螺栓；

7—输出小齿轮；8—底盘连接板

回转减速器与回转支承传动为内齿传动。回转支承的外圈与转台连接，内圈与底盘连接。减速器输出小齿轮驱动回转支承的内齿圈，而内齿圈固定在底盘上，因此，小齿轮在自转的同时，带动转台围绕回转中心转动，将吊臂旋转到需要的方向。

4. 吊臂伸缩机构

① 吊臂伸缩机构的结构　我国目前生产的汽车起重机的伸缩机构大多为液压油缸或油缸加钢丝绳。由于吊臂的节数不同，因此伸缩机构的油缸和钢丝绳的配置也不一样。一般两节臂的汽车起重机的伸缩机构只有一个液压油缸；三节臂的汽车起重机的伸缩机构由一个液压油缸加一套钢丝绳组成；四节臂的汽车起重机的伸缩机构有三种结构：一种是一节液压油缸加两套钢丝绳，一种是两节液压油缸加一套钢丝绳，还有一种是三节液压油缸。

QY25D 型汽车起重机为四节吊臂，采用两节液压油缸加一套钢丝绳的伸缩机构，如图 12-7 所示。QY25D 型汽车起重机的伸缩油缸全部为倒置安装。第一节油缸的活塞杆固定在第一节吊臂上，缸筒固定在第二节吊臂上。第二节油缸的活塞杆固定在第二节吊臂上，缸筒固定在第三节吊臂上。伸臂钢丝绳的一端固定在第四节吊臂上，另一端固定在第一节伸缩油缸的前端，通过固定在第二节伸缩油缸前端的导向滑轮进行换向。缩臂钢丝绳的一端固定在第四节吊臂上，另一端与第一节伸缩油缸连接，中间通过固定在第三节吊臂的导向滑轮进行换向。

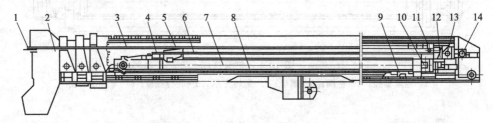

图 12-7 伸缩机构的布置

1—缩臂绳固定端；2—伸缩臂总成；3—伸缩滑轮总成；4—伸缩绳固定销；5—伸缩绳平衡滑轮；

6—第一节油缸；7—第二节油缸；8—伸缩臂总成；9—伸缩绳固定销轴；10—伸缩绳导向滑轮；

11—第二节油缸缸筒铰点；12—伸缩绳导向滑轮；13—第二节油缸活塞杆铰点；14—第一节油缸活塞杆铰点

② 吊臂伸缩机构的工作原理 目前生产的汽车起重机吊臂的伸缩大多是由双作用液压油缸完成的。QY25D 型汽车起重机的两节油缸为顺序伸缩。当液压油进入第一节油缸的杆腔时，第二、三、四节吊臂随第一节油缸的缸筒同时伸出。当液压油进入第一节油缸的缸腔时，第二、三、四节吊臂随第一节油缸的缸筒同时缩回。当液压油进入第二节油缸的杆腔时，第三节吊臂随第二节油缸的缸筒伸出，同时，带动固定在第一节油缸头部和第四节吊臂尾部的伸臂钢丝绳。由于固定在第二节油缸头部的滑轮导向，当第二节油缸伸出时，导向滑轮与固定在第一节油缸头部这一段钢丝绳拉长，导向滑轮与固定在第四节吊臂尾部一段钢丝绳减短，因此它必然带动第四节吊臂同时伸出。反之，当液压油进入第二节油缸的缸腔时，第三节吊臂随第二节油缸的缸筒缩回，同时，带动固定在第一节油缸头部和第四节吊臂尾部的缩臂钢丝绳。因为固定在第三节油缸尾部的滑轮导向，当第二节油缸缩回时，导向滑轮与固定在第一节油缸头部这一段钢丝绳拉长，而使导向滑轮与固定在第四节吊臂头部一段钢丝绳减短，导致第四节吊臂随第二节油缸缩回时同时缩回。

5. 变幅机构

① 变幅机构的结构 变幅机构分为钢丝绳式、齿条式、螺杆式和液压油缸式。其中液压油缸式又分为前置式、后倾式和后拉式。

由于油缸变幅具有工作平稳、结构轻便和易于布置的优点，因此目前国内外生产的汽车起重机的变幅机构均以液压油缸为主。变幅油缸的结构如图 12-8 所示。变幅油缸缸筒端与转台连接，活塞杆端与吊臂连接。变幅油缸的工作状态如图 12-9 所示。

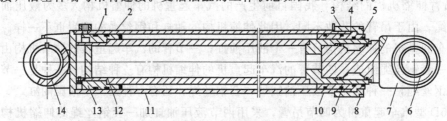

图 12-8 变幅油缸总成

1—活塞密封；2—活塞导向套；3—活塞杆密封；4—螺母；5—防尘圈；6—关节轴承；

7—活塞杆头；8—活塞杆头密封；9—衬套；10—缸筒密封；11—缸筒；

12—活塞杆；13—活塞；14—轴套

② 变幅机构的工作原理　汽车起重机的变幅油缸实际上是一个可改变长度的连杆机构，变幅油缸本身承受的是压力。变幅油缸又有单缸和双缸之分。变幅力小的起重机采用单液压缸，而变幅力大的起重机采用双液压油缸。当液压油进入缸腔时，活塞杆伸出，吊臂仰角变大；当液压油进入杆腔时，活塞杆缩回，吊臂仰角变小。变幅力随吊臂的仰角和载荷的幅度变化而改变。为防止吊臂下降时速度失控，在油路中必须加限速平衡阀，同时保证在液压软管爆裂时吊臂不会下落。

6. 起升机构

① 起升机构的结构　起升机构是汽车起重机的主要工作机构。它由液压马达、减速器、离合器、制动器、卷筒、吊具和钢丝绳组成。起升机构的减速器有定轴减速和行星减速之分。带自由下放的起升机构的离合器是常开式的，不带自由下放的起升机构的离合器一般是常闭式的。定轴减速器的制动方式一般是蹄式或带式制动，行星减速器的制动方式一般是片式的。制动器都是常闭式的。

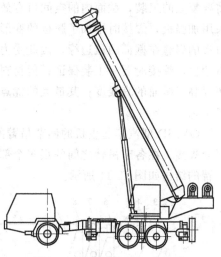

图 12-9　变幅油缸的工作状态

起升机构总成的安装形式有两种。图 12-10 所示的安装形式是将起升机构总成座装在转台的尾部上方；另一种安装形式是将起升机构总成插装在转台尾部的两侧板之间。

汽车起重机的吊具有吊钩、抓斗和其他根据工作要求决定的吊具，在汽车起重机上以吊钩为主。

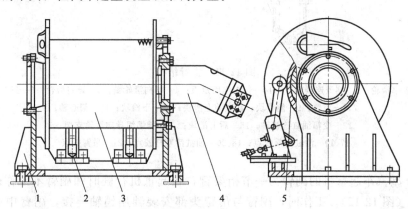

图 12-10　起升机构总成

1—安装支架；2—压绳器；3—卷筒；4—液压马达；5—减速器

② 起升机构的工作原理　从液压泵出来的液压油通过起升机构操纵阀，驱动起升马达以及起升减速器带动卷筒旋转，从而使重物起升或下降。在重物起升时，液压油经过起升平衡阀驱动液压马达，以使重物平稳上升；在重物下降时，液压油经过起升平衡阀驱动液压马达，以使重物平稳下降。平衡阀的另一个作用是保证机构在液压油路出现故障时停止工作，使重物不会自由下落。一般情况下，在重物起升时，钢丝绳从卷筒的上方往卷筒上缠绕。

起升机构自由下放的工作原理是将起升机构的离合器、制动器全部置于开放状态，使卷筒处于无约束状态，使重物靠自重下降。

7. 吊臂和副臂

吊臂的参数是汽车起重机的主要性能之一。吊臂的长度决定起升高度，吊臂的重量与起重机的起重能力有极其重要的关系。在设计吊臂时既要保证吊臂具有足够的强度和刚度，又要使吊臂的截面小、重量轻，使安装和维修方便。目前，我国生产的汽车起重机吊臂的截面形式主要有四边形和六边形，小吨位的起重机吊臂截面大多为四边形，中大吨位的逐渐向六边形靠拢。四边形截面与六边形截面各有优缺点。四边形截面不需要大型折弯机，焊接时不需要复杂的工装，截面内的空间可有效利用；但在截面加大时，腹板的刚度往往降低，需要采用加强板，焊接时增加了腹板的变形，加大了工艺的复杂性；还有一个最大的缺点就是四边形的焊缝在截面的最边缘，因此受力最大，焊缝的质量要求高。六边形截面要求有大型的折弯机，焊接时要有工装保证；但材料经过折弯后提高了强度和刚度，不需要加强板，而且还提高了截面的直线度；其最大的优点是六边形的焊缝在中性层上，焊缝基本不受力，简化了工艺。

QY25D 型汽车起重机的四节吊臂的截面均为六边形。六边形截面由两个槽形板在中性层处焊接，在各节吊臂之间的很多个部位有不同的滑块支承，使各节臂可在相邻臂内伸缩。吊臂的结构如图 12-11 所示。

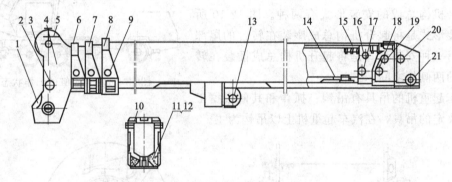

图 12-11　主臂结构

1—倍率滑轮；2—副臂连接轴；3，14—伸缩绳固定板；4—导向滑轮轴；5—导向滑轮；6—三节臂；
7，8—节臂；9—侧滑块；10—前上滑块；11—下滑块；12—偏心轴；
13—变幅油缸连接轴；15—后上滑块；16—伸缩绳导向滑轮支架；
17，19—油缸缸筒铰点；18，20—油缸活塞杆铰点；21—吊臂铰点

QY25D 型汽车起重机的副臂为一节桁架臂，在起重机行驶时和副臂不工作时，安装在吊臂的右侧（图 12-12）。工作时，副臂与吊臂头部安装轴用销轴连接，副臂中心与吊臂中心的夹角有 5°和 30°两种。

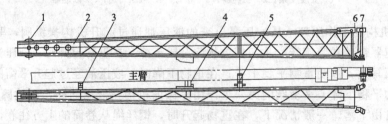

图 12-12　副臂结构及安装

1—臂头滑轮；2—副臂结构；3～5—支架；6—变角度连板；7—连接架

8. 运行机构

轮式起重机的运行机构就是通用（或专用）汽车底盘及专门制造的轮胎底盘。汽车起重机一般采用专用底盘，小吨位的汽车起重机也可采用通用汽车底盘。汽车起重机底盘的选择和确定是根据汽车起重机的起重性能决定的，也就是说汽车起重机不仅要具有可靠的起重能力、稳定性、机动性，还要求底盘轴荷分配合理、整机尺寸符合车辆道路行驶规范、前后外伸尺寸满足起重机规范要求等。

由于汽车起重机底盘的结构同汽车大致相同，因此对其结构不作详细介绍，只介绍与汽车不同的底盘轮轴的布置车架和支腿。图 12-13 为 QY25D 型汽车起重机底盘构造图。

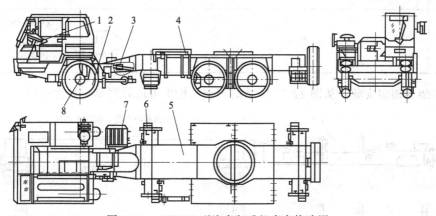

图 12-13　QY25D 型汽车起重机底盘构造图

1—转向系；2—行走系；3—传动系；4—制动系；5—专用车架；6—固定支腿箱；7—取力器接盘；8—稳定装置

① 底盘轮轴的布置　汽车起重机底盘的轮轴（也称桥）布置有多种形式，见表 12-3。驱动桥的数目取决于所需牵引力的大小，而其轮轴总数取决于整机重量。换言之，轮轴数目受到轮轴许用载荷的控制。一根轮轴的许用载荷取决于桥壳强度和轮胎的许用载荷，但必须考虑到道路和桥梁标准的许用承载能力。我国公路工程技术标准规定公路车辆的单后桥轴荷最大为 13t，而双后桥轴荷最大为 $2 \times 12t$。将起重机总重除以许用轴荷可得到最少轮轴数目。由于转向桥上的转向阻力矩与轴荷成正比，因此为减小转向力、减轻驾驶员疲劳程度，转向桥轴荷希望小一些。同时，为减小转向阻力矩，转向桥常用单胎，故其许用轴荷必然是用双胎后桥轴荷的一半。在采用液压转向装置的轮胎起重机中，转向桥的轴荷可以大一些。

表 12-3　汽车起重机底盘的轮轴布置

序　号	表示法 [2 轴数×2 驱动桥数-前桥数＋后桥数(驱动桥加括号)]	示　意　图
1	4×2-1＋(1)	$Q=3\sim16t$
2	4×4-1＋(1)	$Q=5\sim16t$
3	6×4-1＋(2)	$Q=12\sim25t$

序　号	表示法 [2 轴数×2 驱动桥数-前桥数＋后桥数（驱动桥加括号）]	示　意　图
4	6×4-1＋(2)	$Q=12\sim25t$
5	6×4-2＋(1)	$Q=12\sim25t$
6	8×4-2＋(2)	$Q=25\sim65t$

② 车架和固定支腿　从图 12-14 所示的车架结构中可以看到车架分为三段。

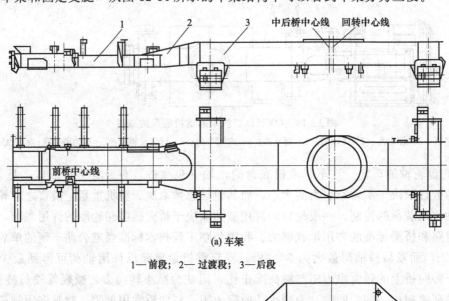

(a) 车架

1—前段；2—过渡段；3—后段

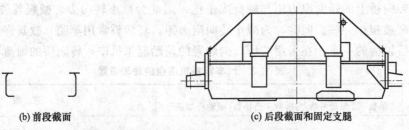

(b) 前段截面　　　　　(c) 后段截面和固定支腿

图 12-14　QY25D 型汽车起重机的车架结构

　　驾驶室、发动机、变速器、转向器及转向桥等全部安装在车架前段上。由于汽车起重机的机动性好、行驶速度快，因此车架的前段要具有一定的减振能力和扭曲能力。QY25D 型汽车起重机的车架前段由通过横梁连接成一体的左右两根槽形纵梁和纵梁两侧的数根槽形支架组成。

　　车架后段为箱形刚性梁，汽车起重机的驱动桥、起重机部分及支腿安装在这段车架上。汽车起重机底盘的车架后段不仅要满足起重机上车的安装需要，还要满足起重机作业稳定性的需要，因此它必须要有足够的强度和刚度。QY25D 型汽车起重机底盘的车架后段为大箱形梁，中间有数个隔板保证车架后段纵向的刚度。固定支腿箱焊接在车架后段的前端和后端。

车架的前段和后段之间为过渡段，它必须将后段刚性很强的梁合理有效地过渡到前段的柔性梁，保证汽车起重机在行驶过程中不会由于振动将刚度相差太大的前段车架损坏。

③ 活动支腿　支腿通常安装在底盘车架上，起重作业时外伸撑地，用以提高起重能力，行驶时收回。支腿机构很重要，它的工况直接影响起重机的作业安全。支腿有蛙式支腿、H形支腿、X形支腿和辐射式支腿等形式。

QY25D型汽车起重机的活动支腿结构如图12-15所示。从图12-15中可以看出活动支腿由活动支腿箱、水平伸缩油缸、垂直伸缩油缸和支腿盘组成。

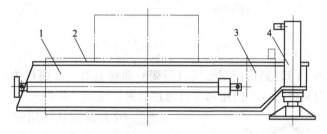

图 12-15　活动支腿机构图

1—支腿活动箱；2—水平伸缩油缸；3—支腿盘；4—垂直油缸

第十三章

门座起重机

门座起重机（图13-1）是由门形底座（门架）而得名的，又简称为门吊，是电力驱动、有轨运行的臂架类起重机之一。门座起重机通过起升、变幅、旋转三种运动的组合，可以在一个环形圆柱体空间内实现物品的升降、移动，并通过运行机构调整整机的工作位置，故可以在较大的作业范围内满足运移物品的需要。

门座起重机具有高大的门架和较长距离的伸臂，在港口或码头，能满足对船舶或车辆的机械化装卸要求，并且能适应船舶的空载、满载作业，以及满足地面车辆的通行要求。门座起重机的工作机构具有较高的运转速度，起升速度可达 1.17m/s，变幅速度可达 0.92m/s，使用率高，每昼夜使用时长可达 22h，台时效率也很

图13-1　门座起重机

高，一般可达 100t/h 以上。此外，门座起重机还具有高速灵活、安全可靠的装卸能力，对提高装卸生产率、减轻繁重的体力劳动都具有重大的意义。

第1节　门座起重机的结构和分类

一、门座起重机的结构

门座起重机大体上可以分为两大部分：上部旋转部分和下部运行部分（图13-2）。

1. 上部旋转部分

上部旋转部分安装在门架上，并相对于下部运行部分可以实现 360° 任意旋转。门座起重机的上部旋转部分包括臂架系统、人字架、旋转平台、司机室等，还安装有起升机构、变幅机构、旋转机构。

2. 下部运行部分

下部运行部分主要由门座和运行机构组成。门座结构支承着上部旋转部分的全部自重和

所有外载荷。门座结构对保持整个起重机的稳定性和减轻自重有着重要意义。为保证起重机正常平稳运转，门架必须有足够的强度，尤其是要有较大的刚度。

门座底部装有运行机构，可使整台起重机沿着地面上的轨道运行。运行机构部分已在前面介绍过，本节主要介绍门座部分，门座结构分为以下几种。

（1）转柱式门架结构

① 交叉门架：如图 13-3（a）所示，这种门架是由两片平面钢架交叉组成的空间结构。它的顶面为一大圆环，其上装有环形轨道和大齿轮。门架当中有一个十字横梁，在横梁的交叉处装有转柱下支承的球铰轴承。在起重机轨道的同侧平面内，用拉杆把两条门腿连接在一起，以增加门架的空间刚度。

② 八杆门架：如图 13-3（b）所示，它的顶部是一个圆环结构，其上装有环形轨道和大齿轮。圆环断面常做成箱形或宽腹板形的工字形断面。在圆环下面是由八根撑杆组成的对称的空间桁架结构。

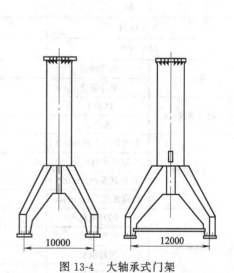

图 13-2 门座起重机的基本结构

（2）大轴承式门架结构

这类起重机的上部旋转部分通过大型滚柱轴承式旋转支承装置直接支承在高圆筒形的门架上。这样，上部旋转部分的垂直力、水平力和倾覆力矩通过大轴承全部传给门架顶部，从而使门架受力状况得到改善，并简化了门架结构的构造（图 13-4）。

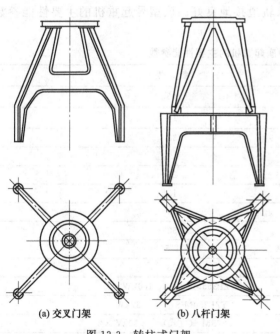

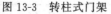

图 13-3 转柱式门架

图 13-4 大轴承式门架

二、门座起重机的分类

门座起重机根据结构类型的不同，可分为下面几种：

① 以门架的结构类型为主要标志。门座起重机可以分为全门座和半门座起重机。后者

不具备完整的门架，它的两条运行轨道不在同一水平面上，一条铺设在地面上，另一条铺设在库房或特设的栈桥上。

② 以起重臂的结构类型为主要标志。门座起重机可分为四连杆组合臂架式门座起重机和单臂架式门座起重机两种。前者的最大优点是臂架下面的净空高度较大，因而在一定的起升高度要求下，起重机的总高度较低，但结构复杂，重量较大；而单臂架式门式起重机则与上述相反。目前，国内大多采用四连杆组合臂架式起重机。

③ 以上部旋转部分相对下部运行部分旋转的支承装置的结构类型为主要标志门座起重机可分为转柱式门座起重机、大轴承式门座起重机和转盘式门座起重机。转盘式门座起重机结构复杂，加工制造困难，目前较少采用；转柱式门座起重机是目前常用的型式；大轴承式门座起重机结构新颖、构件少、重量轻，具有广阔的发展前景。

第二节 门座起重机的构造

以 MQ16-33 型门座起重机为例，介绍该类型起重机的构造特点（图 13-5）。

MQ16-33 门座起重机是在港口码头前沿装卸一般散货和件杂货的通用港口装卸机械，具有四连杆组合臂架式结构。根据货种不同可分别使用吊钩和抓斗两种吊具。它的工作幅度为 33m，起重量为 16t，可以带载作水平位移变幅、带载作任意角度回转，可以在所有工作范围内作起升、变幅、回转的单独或联合动作，操作方便，动作灵活，可使用于海港或内河港口。该门座起重机适用于轨距为 10.5m、沿水平平行直线铺设的钢轨轨道。钢轨型号为 YB/T 5055—2014 中规定的 QU80 型，要求轨道接地良好。该型号起重机的主要性能参数见表 13-1。

表 13-1 MQ16-33 门座起重机的主要性能参数

名　称		参　数	
工作级别		A8	
起重量/t		16	
幅度/m	最大幅度	33	
	最小幅度	9.5	
起升高度/m	轨面上	28	
	轨面下	15	
工作速度	起升速度/(m/min)	60	
	变幅速度/(m/min)	50	
	回转速度/(r/min)	1.5	
	行走速度/(m/min)	26	
电动机	起升电机	YZP355M2-10	160kW×2
	变幅电机	YZP250M-8	37kW
	回转电机	YZP225M-8（立式）	30kW×2
	行走电机	YZP160L-6	11kW×4
轨距/m		10.5	
基距/m		10.5	
行走车轮数		24（其中驱动轮 12 个）	
最大轮压/kN		≤250	

续表

名　称	参　数
最大工作风压/Pa	250
转台尾部回转半径/m	<7.8
装机容量/kW	461
电源	电缆卷筒 三相四线 AC380V 50Hz

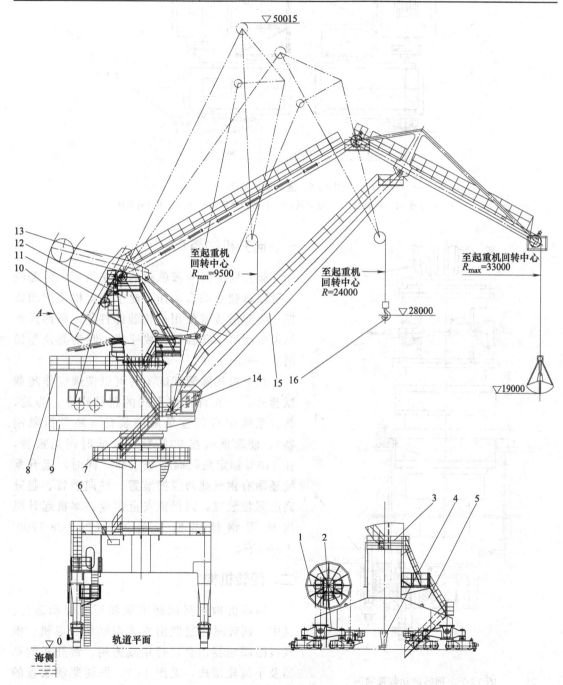

图 13-5　MQ16-33 门座起重机总图

1—电缆卷筒；2—运行机构；3—门架；4—液压防爬器；5—防风保护装置；6—铭牌；7—润滑；8—转盘；9—机器房；
10—变幅机构；11—超负荷装置；12—上转柱；13—平衡系统；14—司机室；15—臂架系统；16—25t 吊钩

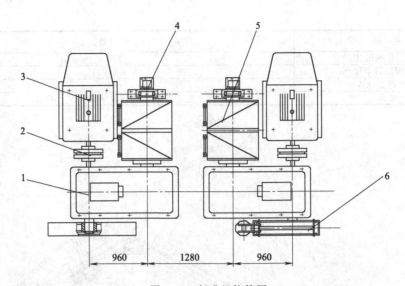

图 13-6　起升机构简图

1—减速器；2—联轴器；3—电动机；4—行程控制器；5—卷筒；6—制动器

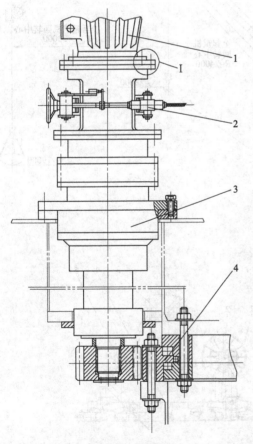

图 13-7　回转驱动装置简图

1—电动机；2—联轴器、制动器；

3—立式行星减速器；4—开

式齿轮传动

一、起升机构简介

起升机构由两部单独的绞车组成。两部绞车可以单独或联合动作，便于起重机使用四索抓斗装卸散货或使用吊钩装卸件货。每部绞车均由电动机、联轴器、减速器、制动器及卷筒组成，见图 13-6。

起升机构除调试试车时可以按规定作超载试验外，不允许任何形式的超载作业。为此，起升系统附有起重量限制装置（超负荷限制器），使起重机在 90% 额定负荷时声光报警，在 110% 额定负荷时停止工作。同时，起升系统还附有钢丝绳防脱槽装置、导向装置、起升高度限位装置，以保证安全作业。本机起升机构使用钢丝绳型号为 6T（25)-28-1700-Ⅰ-左/右。

二、回转机构

回转机构包括回转支承和回转驱动装置。其中，回转驱动装置由立式电动机、电机、锥盘极限联轴器、立式行星减速箱、常开式制动器及小齿轮组成，见图 13-7。回转驱动装置的制动器是常开式制动器，有利于司机可视回转运动的实际情况，脚踏回转制动踏板，以踏力的大小控制制动过程的缓急。锥盘极限联轴器是一种安全设施，只有当起重机的回转部分与机外障碍物相撞或非正常操作的启、制动时，其滑动面间才有相对滑动，以此保护传动部件和支承部件。

三、变幅机构

变幅系统包括臂架系统、平衡系统和变幅机构。其中，臂架系统由臂架、象鼻梁、大拉杆和上转柱等组成，它们的几何关系保证起重机作变幅运动时，象鼻梁端部能沿一条近似水平的曲线移动，这样既节省变幅驱动功率，又便于操作。臂架系统自重所产生的倾覆力矩由平衡系统平衡。平衡系统由平衡梁、配重、小拉杆等组成。变幅机构由电动机、电机风机、联轴器、制动器、减速器、摇架、变幅小齿轮和齿条等部分组成。摇架部件兼有导向和调整齿条与小齿轮啮合状况的作用。

变幅系统质量大、构件多、运动情况复杂，为了使变幅平稳，变幅机构采用变频调速。在变幅摇架上和臂架下铰点处，分别设置有独立的幅度限制开关，以防止起重机超幅。图13-8 为变幅机构简图。

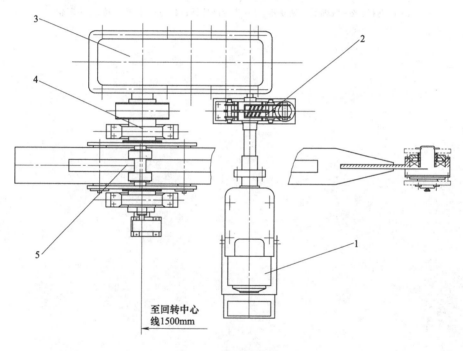

图 13-8　变幅机构简图

1—电动机；2—制动器；3—减速器；4—齿轮联轴器；5—齿轮、齿条传动

四、行走机构

行走机构装有四套行走台车，它们分别布置在门架端梁的四个底脚，每套台车都有完整的驱动传动装置。台车设计有水平和垂直铰轴，可以自动调节轨道误差和轻微的码头沉陷，但是变形严重和被堵塞的轨道都将妨碍行走机构发挥作用。行走机构是非工作性的机构，它不参与货物的装卸过程，只有当起重机需要移位时才使用行走机构。

为了防止门式起重机在非工作时被大风吹走，应使用锚定装置将大车锁定，行走控制同锚定限位之间联锁，当锚定锁定时，行走机构不能动作。在遇有台风时，应使用防风保护装置，将防风系缆钢丝绳拉紧。行走台车见图 13-9。

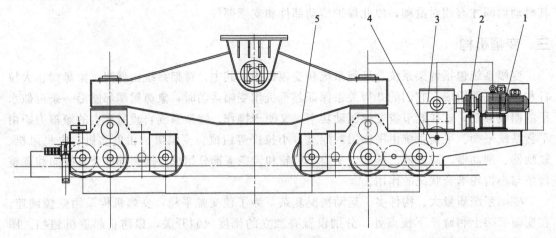

图 13-9　行走机构简图

1—电动机；2—联轴器、制动器；3—齿轮减速器；4—开式齿轮传动；5—车轮

第十四章

起重机的安全装置

为了保证起重设备的自身安全，杜绝起重作业中发生事故，各种类型的起重机均设有多种安全防护装置。常见的防护装置有各种类型的限位器、缓冲器、防碰撞装置、防偏斜和偏斜指示装置、起重量限制器、防倾覆装置、防风装置和力矩限制器等。

第一节　位置限制器与调整装置

位置限制器简称限位器。限位器是用来限制各机构运转时越过一定范围的一种安全防护装置，包括上升位置限制器、运行极限位置限制器、偏斜调整及显示装置以及缓冲器等。

一、上升位置限制器

上升极限位置限制器用于限制取物装置的起升高度，当吊具起升到上极限位置时，限位器切断电源，防止吊钩等取物装置继续上升拉断钢丝绳而发生重物失落事故。

吊运炽热金属或易燃易爆品或有毒物品等危险品的起升机构应设置两套上升极限位置限制器，且两套限位器动作应有先后，还应尽量采用不同结构形式和控制不同的限位装置。

极限位置限制器主要有重锤式和螺旋式两种。重锤式起升高度限制器主要由限位开关和重锤组成，见图 14-1。其工作原理是：重锤 3 在重力作用下使限位开关处于通电状态，当取物装置上升到一定位置时，碰杆 4 被顶起，进而使重锤上升，限位开关 2 触头断开，总电源切断，吊钩停止上升。

螺旋式起升高度限位器有螺杆传动和蜗杆传动两种形式，螺杆式（图 14-2）由螺杆、滑块、限位开关等组成。当起升装置升到上极限位置时，滑块碰到限位开关，切断电路，控制了起升高度。当螺杆两端都装限位开关时，则可限制上升或下降位置。

除了上升极限位置限制器，在操作人员无法判断下降位置的起重机上和其他特殊要求的设备上，也需采用下降极限位置限制器。

二、运行极限位置限制器

运行极限位置限制器由限位开关和安全尺撞块组成。当起重机运行到极限位置后，安全尺触动限位开关的传动柄，带动限位开关内的闭合触头分开而切断电源，运行机构将停止运转。起重机将在允许的制动距离内停车，即可避免硬性碰撞挡体对运行的起重机产生过度的

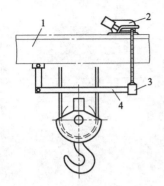

图 14-1 重锤式
1—横梁；2—开关；
3—重锤；4—碰杆

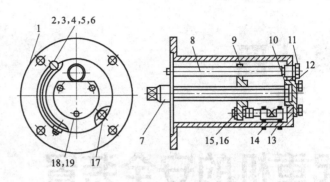

图 14-2 螺旋式
1—壳体；2~6、14—螺钉、压板、纸垫、弧形盖、衬板；7—螺杆；8—导杆；
9—滑块；10—轴承；11—螺母；12—端盖；13—限位开关；
15、16、18、19—螺母、螺栓；17—橡胶圈

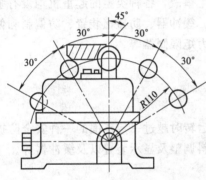

图 14-3 LX 系列限位开关外形图

冲击碰撞。图 14-3 所示为 LX 系列限位开关。凡是有轨道的各类起重机，均应设置极限位置限制器。

三、偏斜调整和显示装置

大跨度的门式起重机和装卸桥的两边支腿在运行过程中，由于种种原因会发生相对超前或滞后的现象，使起重机的主梁与前进方向发生偏斜，这种偏斜轻则导致大车啃轨，重则会导致桥架被扭坏，甚至发生倒塌事故。为了防止以上情况的发生，应设置偏斜限制器、偏斜指示器或偏斜调整装置等，来保证起重机支腿在运行中不出现超偏现象，即通过机械和电器限位器的联锁，将超前或滞后的支腿调整到正常位置，以防桥架损坏。

GB 6067—2010《起重机械安全规程》中规定：跨度等于或大于 40m 的门式起重机和装卸桥应设偏斜调整和显示装置。

常见的防偏斜装置有钢丝绳式、凸轮式、链式和电动式等。防偏斜自动纠偏装置如图 14-4 所示。在主梁 1 的下盖板上焊有一拨杆 3，当主梁与柔性腿不垂直时（即有偏角时），拨杆拨动拨叉 4，拨叉又通过一对增速齿轮 5 来带动自整角机 2 达到传输信号的目的。调节大车电动机转速，使门式起重机在运行时自动地得到纠偏控制，当偏斜量超过一定值时，限位开关动作，系统停止供电，人工按一下纠偏按钮，大车就自动回到正常状态。

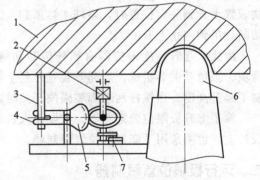

图 14-4 自动纠偏装置
1—主梁；2—自整角机；3—拨杆；4—拨叉；
5—增速齿轮对；6—柔性腿球铰；7—限位开关

四、缓冲器

当运行极限位置限制器或制动装置发生故障时，由于惯性的原因，运行到终点的起重机

或小车，将在运行终点与设置在该位置的止挡体相撞。设置缓冲器的目的就是吸收起重机或起重小车的运行动能，以减缓冲击。缓冲器设置在起重机或起重小车与止挡体相碰撞的位置。在同一轨道上运行的起重机之间以及在同一桥架上的双小车之间也应设置缓冲器。

1. 实体式缓冲器

① 橡胶缓冲器（图 14-5）：橡胶缓冲器结构简单，但它所能吸收的能量较小，一般用于起重机运行速度不超过 50m/min 的场合，主要起阻挡作用。

② 聚氨酯缓冲器（图 14-6）：聚氨酯泡沫塑料缓冲器吸收能量大，缓冲性能好，耐油、耐老化、耐酸、碱腐蚀、耐高温和低温，绝缘又防爆，相对密度小而轻，结构简单、价格低、无噪声、无火花、安装维修方便、使用寿命长等，因此在国际上已普遍采用，在一般起重机上，可替代橡胶和弹簧缓冲器，在防爆场所更值得推广。

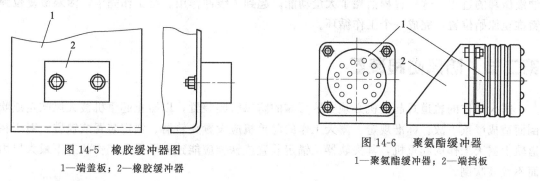

图 14-5 橡胶缓冲器图　　　　图 14-6 聚氨酯缓冲器
1—端盖板；2—橡胶缓冲器　　　1—聚氨酯缓冲器；2—端挡板

2. 弹簧缓冲器

弹簧缓冲器主要由碰头、弹簧和壳体组成。其特点是结构较简单，使用可靠。当起重机撞到弹簧缓冲器时，其能量主要转变为弹簧的压缩能。经改进的带止弹机构的弹簧缓冲器可防止反弹力，见图 14-7。

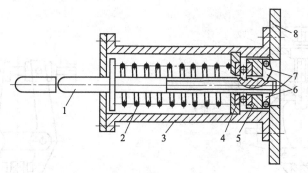

图 14-7 带止弹机构的弹簧缓冲器
1—顶杆；2—工作弹簧；3—外壳；4—止推轴承；5—回转盘；6—止弹掣子；7—弹簧；8—座架

3. 液压缓冲器（图 14-8）

当缓冲器受到碰撞压力时，动能经塞头 1 和加速弹簧 2 传给活塞 6，使其向右运动。缓冲器工作腔内装有一个复位弹簧 4、顶杆 5 以及油液。活塞 6 的运动挤压工作腔内的油液使复位弹簧 4 压缩，同时使油液从活塞 6 与顶杆 5 之间的环形间隙挤压出来，进入储油腔。在活塞 6 开始运动时，由于它与顶杆 5 之间的环形间隙较大，油液较易被挤出（阻力较小）；在活塞 6 继续运动时，这一环形间隙变得越来越小，即活塞阻力不断增大，到顶杆 5 的圆柱形阶段后，环形间隙为稳定值，阻力也稳定于最大值。缓冲器被压缩的过程是通过活塞挤压

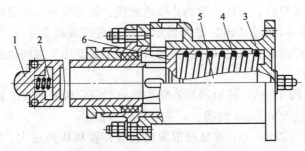

图 14-8　液压缓冲器结构图

1—塞头；2—加速弹簧；3—壳体；4—复位弹簧；5—顶杆；6—活塞

油液做功的过程，这一过程消耗了大量动能，起到了缓冲作用。当工作完毕，活塞被复位弹簧推至原始位置，完成一个工作循环。

第二节　防风防爬装置

露天工作的轨道式起重机必须安装可靠的防风防爬装置，以防止起重机被大风吹走或吹倒而造成严重事故。标准规定：露天工作的起重机应设置夹轨器、锚定装置或铁鞋。对于在道轨上露天工作的起重机，其夹轨器、锚定装置或铁鞋应能独立承受非工作状态下最大风力而不致被吹倒。

一、夹轨器

夹轨器在防风装置中应用最为广泛，可用于各种类型的起重机。按控制方式分类，夹轨器可分为手动夹轨器、电动夹轨器、手电两用夹轨器等，如图 14-9～图 14-16 所示。

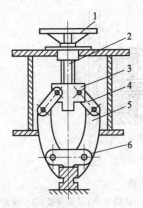

图 14-9　手动夹轨器

1—转动手轮；2—可延螺杆；3—螺母；4—连杆；
5—夹轨臂；6—连接板

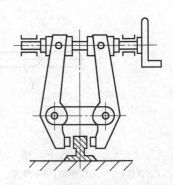

图 14-10　螺杆水平放置夹轨器

1. 手动夹轨器

图 14-9 所示是一种常见的夹轨器。转动手轮 1、螺母 3、可延螺杆 2 上下移动。当螺母 3 向下移动时，先使连接板 6 碰到轨道顶面，进行高度定位，后通过连杆 4 使夹轨臂 5 绕连接板 6 的铰接点转动施钳。当螺母 3 向上移动时，先使钳口松开，然后将夹钳臂提高，离开

轨面。这种肘杆机构的特点，是以快速使钳口空
载闭合，以低速夹紧。

图 14-10 所示是通过水平放置的螺母、螺杆
来夹紧的夹轨器。

图 14-11 所示是塔吊通常使用的一种夹轨
器，底板 1 与起重机底架相连接。当起重机处于
非工作状态时，转动螺杆 3 使钳臂 5 沿轴 2 移
动，实现钳口张开或闭合动作。

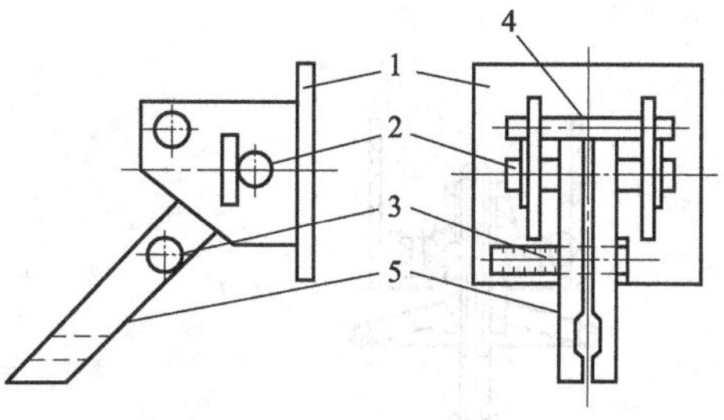

图 14-12 所示是一种带滑槽机构的夹轨器，
滑槽曲线由两段组成，一段斜角较大用于快速闭
合；另一段斜角 $\beta = 4° \sim 8°$，用于夹紧。这种手动夹轨器夹紧过程比较理想。

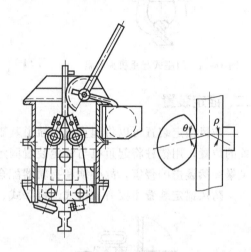

图 14-11　塔吊采用的夹轨器

1—底板；2—轴；3—螺杆；4—轴；5—钳臂

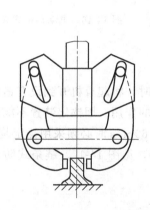

图 14-12　带滑槽的夹轨器

图 14-13　自锁式夹轨器

图 14-13 所示是一种自锁式夹轨器，它可使夹轨器与轨道之间产生自锁，起到防风作
用。夹钳的夹紧力由风力产生，风力越大，夹紧力越大。

图 14-14 所示是门座式起重机采用的一种手动夹轨器。它通过螺杆螺母传动，靠一个活
动环来固定夹钳开闭。夹紧时，钳口钩紧轨道头部的突缘。夹钳的钩紧力由风力产生，且随
风力增大而增大。

2. 手动、电动两用夹轨器

图 14-15 所示为手动、电动两用防风夹轨器，主要靠电动工作。其夹紧力是由电动机通
过螺杆螺母传动压缩宝塔弹簧产生的。弹簧的作用是防止夹钳松弛。退夹钳时，当螺母退到
一定路程时终点开关被触动使运行机构通电运行。当遇到电气故障或停电时，可采用手动
上钳。

3. 电动夹轨器

图 14-16 所示的是电动重锤式夹轨器。断电时夹轨器绞车的常开制动器松开，楔形重块
靠自重下降，重块克服弹簧力，迫使钳臂上端分开实现上钳。松钳时，启动电绞车将楔块提
起，夹钳在弹簧力作用下张开，由终点开关将绞车关闭，并接通绞车电磁铁将绞车制动。这
时，运行机构方可开动。

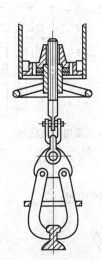

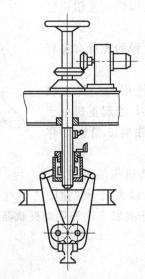

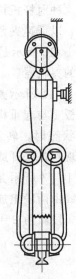

图 14-14 门座式起重机夹轨器　　图 14-15 手动、电动两用夹轨器　　图 14-16 电动重锤式夹轨器

二、锚定装置

防风锚定装置可以将起重机与轨道基础固定。当大风袭击时，将起重机开到设有锚定装置的位置，用锚柱将起重机与锚定装置固定，起到保护起重机的作用。因锚定装置不能解决风暴突然袭击的侵害，故必须和夹轨器配合使用。当风速超过 60m/s 时必须采用锚定装置。

防风锚定装置主要有插销式、链条式、顶杆式或锚板式等，见图 14-17。链条式防风锚

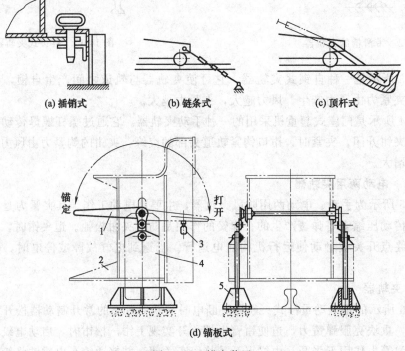

(a) 插销式　　　　　　　(b) 链条式　　　　　　　(c) 顶杆式

(d) 锚板式

图 14-17 锚定装置

1—转动架；2—拖动架；3—行程开关；4—锚板；5—锚座

定装置的链条中带有左右螺纹的张紧装置，顶杆式防风锚定装置的顶杆端部带有螺旋千斤顶，可将起重机牢牢固定于基础。插销式防风锚定装置只需将插销塞入销孔，锚板式防风锚定装置只需将转动架 1 置于锚定位置，使锚板落入锚座，即可使起重机止动。

三、防风铁鞋

防风铁鞋有手动式和电动式两种。图 14-18 所示是一种手动防风锚定铁鞋，它将铁鞋和锚链锚固功能结合到一起，通过一个自锁功能装置将夹轨装置固定到轨道上，以防止铁鞋和轨道之间产生滑动。同时锚链一端连在起重机上，一端连在铁鞋上，就相当于将起重机锚固到轨道上。

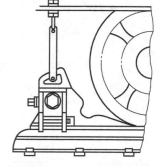

图 14-18　手动防风锚定铁鞋

除了以上几种防风装置外，还有一些不同类型的防风装置，但无论其形式如何，都必须满足以下几点要求：

① 夹轨器的防爬作用一般应由其本身构件的重力（如重锤等）的自锁条件或弹簧的作用来实现，而不应只靠驱动装置的作用来实现。

② 起重机运行机构制动器的作用应比防风装置动作时间略为提前，即防风制动时间（即夹轨器动作时间）应滞后于运行机构的制动时间，这样才能消除起重机可能产生的剧烈颤动。

③ 防风装置应能保证起重机在非工作状态风力作用下而不被大风吹跑。在确定防风装置的防滑力时，应忽略制动器和车轮轮缘对钢轨侧面附加阻力的影响。

第三节　安全钩、防后倾装置和回转锁定装置

一、安全钩

对于单主梁起重机，由于起吊重物是在主梁的一侧进行，重物等对小车产生一个倾翻力的作用，因此由垂直反滚轮或水平反滚轮产生的抗倾翻力矩使小车保持平衡。但是，只靠这种方式不能保证在风灾、意外冲击、车轮破碎、检修等情况下的安全。因此，这种类型的起重机应安装安全钩。安全钩根据小车的轨轮型式的不同，可设计成不同结构，如图 14-19 所示。

二、防后倾装置

流动式起重机和动臂变幅——用柔性钢丝绳牵引吊臂进行变幅的起重机，当遇到突然卸载情况时，会产生使吊臂后倾的力，从而造成吊臂超过最小幅度、发生吊臂后倾的事故。因此凡属这类起重机均应安装防后倾装置。

目前常使用的防后倾装置如图 14-20 和图 14-21 所示。吊臂通过一个连杆机构带动幅度指示器，并在幅度盘上设置开关，进行限位。然后通过一个机械装置对吊臂进行止挡。保险绳和保险杆是两种常用的防后倾装置。保险绳采用已计算好长度和强度的钢丝绳，一端固定在转台上，另一端固定在吊臂上，以钢丝绳长度限定吊臂的倾角。保险杆的上端铰接在吊臂上，下端铰接于转台上，随吊臂的倾俯而伸缩，在其套筒内有缓冲弹簧，对吊臂有缓冲、减

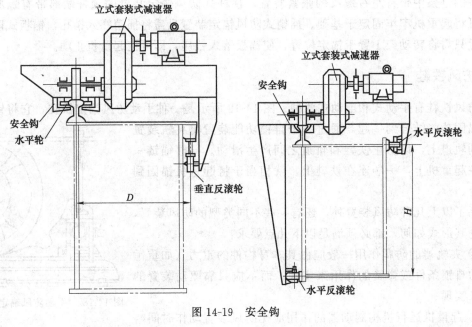

图 14-19 安全钩

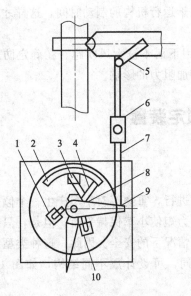

图 14-20 限位开关及连杆机构

1,3,10—开关；2—刻度盘；4—指针；
5—支架；6—套管；7—拉杆；
8—销轴；9—杠杆

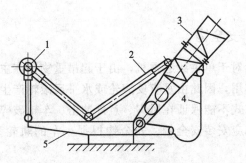

图 14-21 防后倾装置

1—人字架；2—保险杆；3—臂架；
4—保险绳；5—中间插节段

振和限位作用，从而克服了钢丝绳易被拉断的缺点。

三、回转锁定装置

回转锁定装置，是指臂架起重机处于运输、行驶或非工作状态时锁住回转部分使之不能转动的装置。

回转锁定器的常见型式有机械锁定器和液压锁定器两种。机械式锁定器结构比较简单，通常是采用锁销插入、压板顶压或螺栓紧定等方式。液压式锁定器通常用双作用活塞式油缸对转台进行锁定，与回转锁定装置的原理基本相同。

第四节　超载保护装置

超载作业往往是造成起重事故的重要原因，轻者损坏起重机零部件，可使电动机过载、结构变形，重者将会造成断梁、倒塔、折臂、倾翻等重大事故。应使用超载保护装置来防止此类事故发生。起重量限制器和起重力矩限制器统称为超载保护装置。

一、起重量限制器

起重量限制器主要用于桥架型起重机，一般由载荷传感器和二次仪表两部分组成，其工作框图和安装形式如图 14-22、图 14-23 所示。

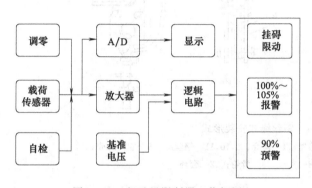

图 14-22　起重量限制器工作框图

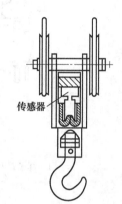

图 14-23　吊钩式安装形式

传感器使用应变式或压磁式传感器。二次仪表由放大、比较、显示、控制等单元组成。现在，由于科技的发展使许多产品具有愈来愈多的附加功能，如大屏幕显示、计算、打印等。

起重量限制器的传感器的安装形式有 4 种：吊钩式、钢丝绳式、轴承式和定滑轮式。

1. 吊钩式（图 14-23）

吊钩式安装形式的产品结构，有直接显示式、调频发射式和分离式 3 种。直接显示式用镍镉电池作电源，将吊钩、传感器、大屏幕显示器做成一体装在起重机吊钩上。调频发射式也采用镍镉电池作电源，但没有显示部分，而是将传感器信号经调频后送到司机室，由二次仪表把信号还原再进行控制与显示。这两种形式的传感器与二次仪表之间不用电缆相连，但价格较高。分离式则将传感器信号经电缆传给二次仪表，经处理后进行控制与显示。

2. 钢丝绳式

钢丝绳式安装形式使用专用夹具，把传感器安装在起重钢丝绳上，通过检测钢丝绳的张力来反映载荷。这种方式安装方便，检测精度较高（图 14-24）。

钢丝绳三点式传感器安装形式如图 14-25（a）所示；传感器受力分析如图 14-25（b）所示。

3. 轴承座式

轴承座式安装形式如图 14-26 所示。传感器采用双剪切梁式或圆柱式，配以专用附件，组成一个轴承座，安装在钢丝绳卷筒非减速器一侧。该形式安装方便，易于维护，精度较高。

4. 定滑轮式

定滑轮式有两种安装形式。一种是配制一套托板支架，将定滑轮轴略微抬起，使安装在支架上的传感器承受载荷，如图 14-27 所示；另一种是配制一根定滑轮轴，把传感器压进轴的一端，安装时用这根轴换掉原定滑轮轴即可，如图 14-28 所示。

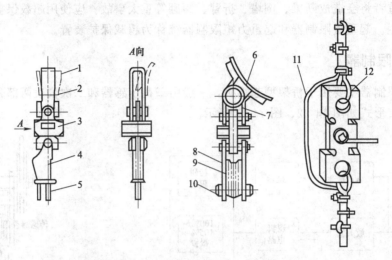

图 14-24　钢丝绳式安装形式

1—耳子；2—U 形挂板；3—传感器；4—楔套；5,10,11—钢丝绳；6—卷筒外壳；

7—开口销；8—夹板；9—滑轮；12—套环

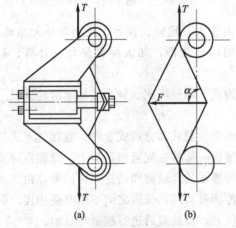

图 14-25　钢丝绳三点式安装式

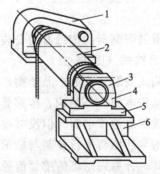

图 14-26　轴承座式安装形式

1—减速机；2—卷筒；3—轴承盖；

4—轴承座；5—传感器；6—底座

二、力矩限制器

臂架式起重机的工作幅度是一项重要参数。起重量与工作幅度的乘积为起重力矩。当起重量不变时，工作幅度越大，起重力矩就愈大。当起重力矩大于允许的极限力矩时，会造成

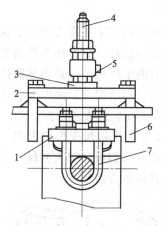

图 14-27　定滑轮式安装形式

1—轴压托；2—底板；3—座；4—拉杆；
5—传感器；6—支架；7—夹杆

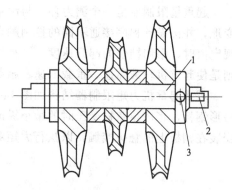

图 14-28　轴式安装形式

1—定滑轮轴；2—压磁元件；3—插座

臂架折弯或折断，甚至还会造成整机失稳而倾覆或倾翻。根据 GB 6067—2010 规定：履带起重机、起重量≥16t 的汽车起重机和轮胎起重机、起重能力≥25t 的塔式起重机应设置力矩限制器。力矩限制器的综合误差不应大于 10%，并应根据其性能和精度进行调整或标定，使当载荷力矩达到额定起重力矩时，能自动切断起升动力源，并发出禁止性报警信号。

常用的起重力矩限制器有机械式和电子式等。

1. 动臂式塔式起重机的超载保护装置用电子式力矩限制器

图 14-29 是电子式起重力矩限制器的框图。它一般由力矩检测器、工况选择器和微型计算机等组成。其工作原理如下：

长度、角度检测器测出的臂长、臂角值及工况信息经过数据采集电路进入计算机，计算出该工况的额定值；而力矩检测器测出的信号经过数据采集电路进入计算机，计算出实际值。将额定值与实际值进行比较，当实际值大于或等于额定值的 90% 时，发出预警告信号；当实际值达到额定值时，发出禁止性报警信号，并通过自动停止回路，自动停止起重机向危险方向运动，但允许起重机向安全方向运动。同时，起重臂的长度、角度、幅度、起重量等参数经软件程序中数字模型的计算，分别送到液晶显示器显示。

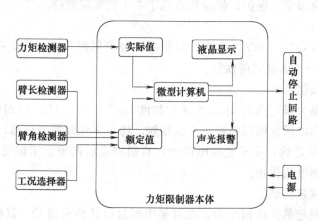

图 14-29　电子力矩限制器框图

2. 小车变幅塔式起重机的超载保护装置

小车变幅塔式起重机一般使用起重量限制器和起重力矩限制器来共同实施超载保护。

起重量限制器是一个测力环,与起重钢丝绳导向滑轮刚性连接。测力环随载荷变化产生变形,并按设计程序接通不同的控制触点。起重量限制器有两个作用:一是当载荷达到某个规定值时,限制挡位的起升速度;二是当载荷达到最大值时,切断起升回路电源。其设计原则是使起重机轻载高速、重载低速、超载停止。图 14-30 为其安装位置示意图。

塔式起重机力矩限制器结构如图 14-31 所示。它实际上是一个机械变形放大器。它采用弓形钢板,将塔顶弦杆受压时的微小纵向变形,转变为双片弓形钢板间较大的横向变形,使安装在钢板上的触头接触,以执行力矩和变幅保护功能。其调整方法如下:

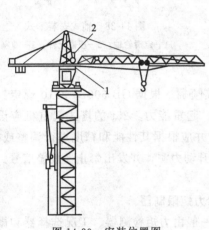

图 14-30 安装位置图

1—起重量限制器;2—起重力矩限制器

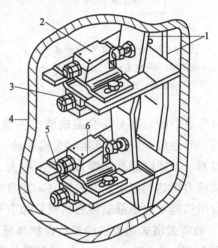

图 14-31 力矩限制器结构图

1—弓形钢板;2—预警控制触头;3—定幅变码
限制触头;4—外壳;5—定码变幅限制触头;
6—轻载变幅减速控制触头

(1)试验载荷

以双绳额定速度起吊试验载荷 Q,调整限制器内力矩限制触头至接触。放下载荷 Q,再以双绳最低速起吊 $1.1Q$。这时,起升应被切断,否则应重新调整。定幅变码限制触头 3 对起重特性曲线实施定幅变码保护,使动作点低于 1.1 倍额定载荷。

(2)预警控制

以双绳低速起吊 $Q'=0.9Q$,调整限制器内预警控制触头 2,直至司机室内预警灯亮。预警控制触头实施 90% 额定载荷预警。

(3)定码变幅限制

在地面上量出最大额定载荷 Q_{max} 对应的幅度 L 及 $L'=1.1L$,以四绳起吊 Q_{max} 后移至 L 处,调整限制器内定码变幅限制触头 5 至接触。将小车开回臂架根部,然后以额定速度向外变幅。在达到 L 处之前,小车应断电停驶,否则应重新调整。定码变幅限制触头 5 对起重特性曲线实施定码变幅保护。

(4)轻载变幅减速控制

在地面上量出规定的换速幅度 D,在臂架中部起吊试验载荷 Q。以额定速度向外变幅,调整限制器内轻载变幅减速触头,使小车一开到 D 处即断电停止运行,换用低速可继续向外变幅。D 一般为最大幅度的 80%。轻载变幅减速控制触头可防止在臂端高速变幅，避免剧烈操作使载荷摆动过大，造成起重机失稳。

塔式起重机力矩限制器控制原理如下：

对上回转式起重机，弓形钢板设在塔头平衡臂根部；对下回转塔吊，则设在拉臂绳回转平台。它所测取的变形是由臂架除风力、水平惯性力以外的吊重平面内的载荷，即臂架、小车、吊具等自重及吊重对臂根铰接点的力矩，并不是真正的起重力矩，而起重力矩则是吊重对回转中心的力矩。但是在设计起重量特性曲线时已经按此（全力矩）为恒力矩来考虑了，因此控制了这个变形也就控制了起重力矩。据此，不仅要正确设计起重量特性曲线，还必须在此限制器中分别设置按定幅变码和定码变幅的限位开关，并分别调整。

这种限制器的最大优点是仅测取一个变形信号即能达到控制起重力矩的目的，而不用分别测起重量和幅度再进行运算与合成，精度自然较高，可靠性也大。可在弓形板上加装位移传感器，这样也可以用来显示起重力矩的数据。

三、流动起重机的超载保护

流动式起重机一般使用一套完整的力矩限制器进行超载保护。

力矩限制器包括主机、载荷检测单元、角度检测单元、长度检测单元和起重工况检测单元 5 个部分，均由检测传感器将检测信号送入主机，通过放大、运算处理后与计算机内预存的起重特性曲线比较，由控制单元对起重机实施控制。整机工作原理如图 14-32 所示。

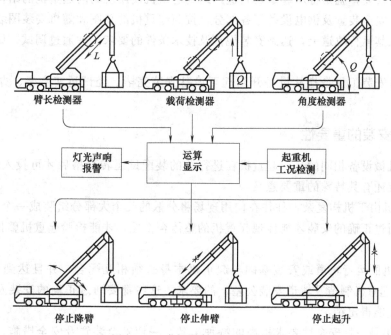

图 14-32　力矩限制器工作原理图

第十五章

起重机的安装

第一节　起重机安装概述

一、起重机安装的技术含义

起重机的安装，就是将从起重机制造厂运到起重机使用现场的起重机的结构、电气设备及控制装置、安全装置及供电设备等各部分，按照起重机的总图和随机安装图装配起来，使起重机安装在其运行轨道上，达到安装规范及技术条件的要求，并通过调试、试运行和移交验收的过程。

起重设备安装工程是指从设备开箱起至设备安装完毕、经试运转合格、办理工程验收为止。

二、起重机安装的重要性

与一般机械设备相同的是，起重机在进行总的装配试运转合格后才可投入使用。此外，起重机的安装还有其特殊的重要意义：

① 起重机由于机构复杂，往往在使用现场将分散的几个大部分组装成一个完整的整体。因此，必须通过正确的安装才能体现起重机的整体合格性，才能检验起重机整机的完好性和完整性。

② 起重机的运行轨道或安装基础与起重机本身必须相互配合，并且达到 GB/T 10183《桥式和门式起重机制造及轨道安装公差》的要求，这些都要通过正确的安装及安装后的试运转及检验才能得出结论。

③ 起重机是一种安全性要求极高的特种设备，一切安全装置及安全措施，只有在起重机安装完毕后才能进入正常工作位置及工作状态。为了检验这些安全装置及安全设施是否可靠、灵活、准确，也必须通过起重机安装后现场调试才能进行。

④ 起重机是一种承担起重的特殊工作机械，为了使起重机投入使用后能满足各种负荷的作业要求，就必须对起重机进行空载、静载及动载试验。这些实验也要求必须在起重机安装后才可进行。

⑤ 起重机的钢丝绳等挠性件及许多其他零件，都会在初次受载后发生一些伸长、变形、

松动等，因此需要在起重机安装、进行加载试运转以后进行校正、调整、处理和紧固。

三、起重机安装的准备

① 对被要求安装的起重机的性能、参数、构造及动作原理必须清楚。

② 对安装现场条件必须详细检查。如对起重机轨道基础、吊车梁和安装预埋件等的平面位置、标高、跨度和表面的平面度、直线度、平行度等应检查是否符合设计要求和安装要求。

③ 对运到的起重机进行开箱检查。开箱检查一般由施工单位和建设单位共同进行。检查完毕，应填写开箱检查记录，并签字办理移交手续。

开箱检查内容主要包括：设备技术文件是否齐全；按装箱清单检查设备、材料及附件的型号、规格和数量是否符合设计和设备技术文件的要求，并应有出厂合格证书及必要的出厂试验记录；机电设备运输情况：要求机电设备应无变形、损伤和锈蚀，钢丝绳不得有锈蚀、损伤、打弯、打环、扭结、裂嘴和松散现象；若设备有缺陷、损坏和锈蚀等情况，应及时提出，并会同有关人员分析原因，妥善处理。

④ 经制订了切实可行的吊装施工方案，并对有关人员进行了技术交底后，对移动的起重机要检查起重机最外轮廓与建筑物、附近固定物之间的最小安全距离是否符合规范中如表15-1 所示的数值规定。

表 15-1　起重机与建筑物之间的最小安全距离　　　mm

起重机名称	上方最小距离			侧方最小距离		
	起重机额定起重量度/t					
	≤25	>25~125	>125~250	≤25	>50~125	>125~250
桥式起重机	300	400	500	80	100	100
壁上起重机				80		

⑤ 对于起重机轨道和车挡，要在安装起重机前先进行详细检查，应符合《起重设备安装工程施工及验收规范》的规定。

⑥ 对于到安装现场装配的联轴器、制动器，应检查是否符合《起重设备安装工程施工及验收规范》的规定。

⑦ 在进行起重机安装前，一般均要在现场对起重机进行试装并进行检查。当通用桥式起重机和门式起重机空载时，电动起重机的小车轮踏面与轨道面的最大间隙不应大于小车车轮基距或小车轨距的 0.00167 倍，手动的不应大于小车轮基距或小车轨距的 0.0025 倍。

⑧ 对于大型、特殊、复杂的起重设备的吊装，应制定完善的吊装方案，当利用建筑结构柱、梁等作为吊装的重要承力点时，必须作结构计算，并经有关部门同意后方可进行。

⑨ 对各种起重机的安装都要制订完善的施工方案，主要包括以下几方面内容：

工程概况：危险性较大的分部分项工程概况、施工平面布置、施工要求和技术保证条件。

编制依据：相关法律、法规、规范性文件、标准、规范及图纸（国标图集）、施工组织设计等。

施工计划：包括施工进度计划、材料与设备计划。

施工工艺技术：技术参数、工艺流程、施工方法、检查验收等。

施工安全保证措施：组织保障、技术措施、应急预案、监测监控等。

劳动力计划：专职安全生产管理人员、特种作业人员等。

计算书和图纸：准备计算书及打印好相关图纸。

第二节　起重机的常用吊装方法

因为起重机起重量、跨度、轨道标高、安装现场环境和安装机械的选用等因素不同，所以起重机的吊装方法也是多种多样，常用的吊装方法可按起重设备、土建竣工程度、被安装起重机的结构进行分类。

重点介绍按起重设备分类。

按照吊装时所采用的起重设备，常用吊装方法可以分为桅杆起重机吊装、流动式起重机吊装、梁工法吊装、桥式起重机吊装等。

1. 桅杆起重机吊装

桅杆起重机在起重作业中也是不可少的组成部分。在某些施工场合中，由于施工场地狭窄，起重的工作量不多，其他大型起重机械不便进入施工场地进行作业，因此使用桅杆式起重机可以弥补大型起重机械成本高、机动性不足的缺点（图15-1）。

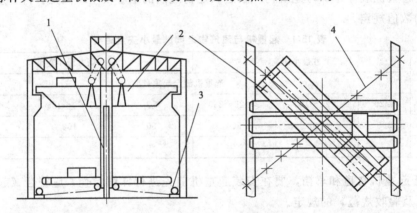

图 15-1　桅杆式起重吊装简图
1—桅杆起重机；2—大车架；3—卷扬机；4—缆风绳

（1）桅杆式起重机简介

桅杆式起重机又称为拔杆或把杆，是最简单的起重设备（图15-2），一般用木材或钢材制作。这类起重机具有制作简单、装拆方便、起重量大、受施工场地限制小的特点。

起重量在5t以下的桅杆式起重机，大多用圆木做成，用于吊装小构件；起重量在10t左右的桅杆式起重机，大多用无缝钢管做成，桅杆高度可达25m；大型桅杆式起重机，起重量可达60t，桅杆高度可达80m，桅杆和吊杆都是用角钢组成的格构式截面。大型桅杆式起重机下部设有专门行走装置，在钢轨上移动，中小型桅杆式起重机在下面设滚筒，多用卷扬机加滑车组牵动桅杆底脚。

选用桅杆起重机应对不同布置形式时，应对不同结构及不同有效高度的桅杆起重机起重量进行核算，认真检查桅杆的质量，缆风绳应布置合理，并且应保证起重机结构件吊装过程中的回转等作业能顺利进行，以防布置不当出现干扰现象，还要充分注意缆风绳的松紧度。

（2）桅杆式起重机的常用分类

桅杆式起重机可分为：独脚拔杆、人字拔杆、悬臂拔杆和牵缆式桅杆起重机。

① 独脚拔杆［图15-3（a）］：独脚拔杆是由拔杆、起重滑轮组、卷扬机、缆风绳及锚碇等组成，可以单桅杆、双杆或多杆的形式使用。其中缆风绳数量一般为6～12根，最少不得少于4根。起重时拔杆保持不大于10°的倾角。独脚拔杆的移动靠其底部的拖橇进行。木独脚拔杆起重量在100kN以内，起重高度一般为8～15m；钢管独脚拔杆起重量可达300kN，起重高度在20m以内；格构式独脚拔杆起重量可达1000kN，起重高度可达70m。

② 人字拔杆［图15-3（b）］：人字拔杆一般是由两根圆木或两根钢管用钢丝绳绑扎或铁件铰接而成的，两杆夹角一般为20°～30°，底部设有拉杆或拉绳，以平衡水平推力，拔杆下端两脚的距离约为高度的1/3～1/2。

③ 悬臂拔杆［图15-3（c）］：悬臂拔杆是在独脚拔杆的中部或2/3高度处装一根起重臂而成的。其特点是起重高度和起重半径都较大，起重臂左右摆动的角度也较大，但起重量较小，多用于轻型构件的吊装。

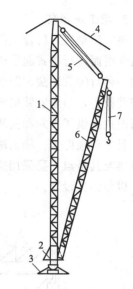

图15-2　桅杆式起重机
1—桅杆；2—转盘；3—底座；4—缆风绳；5—起伏吊杆滑车组；6—吊杆；7—起重滑车组

④ 牵缆式桅杆起重机［图15-3（d）］：牵缆式桅杆起重机是在独脚拔杆下端装一根起重臂而成的。这种起重机的起重臂可以起伏，机身可回转360°，可以在起重机半径范围内把构件吊到任何位置。牵缆式桅杆比较适用于构件多且集中的工程。

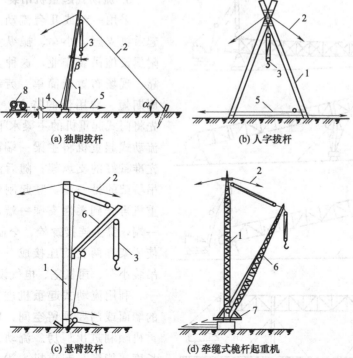

(a) 独脚拔杆　　　　　　　　　　　　(b) 人字拔杆

(c) 悬臂拔杆　　　　　　　　　　(d) 牵缆式桅杆起重机

图15-3　桅杆式起重机

1—拔杆；2—缆风绳；3—滑轮组；4—导向装置；5—拉锁；6—起重臂；7—回转盘；8—卷扬机

2. 梁工法吊装

该方法是在厂房建筑的适当位置设计一处房梁,在该梁上预先焊接吊耳,用滑轮组和卷扬机牵引而进行桥式起重机吊装的一种方法(图15-4)。梁工法是用于安装特大型桥式起重机的一种封闭安装法,既经济又可靠,除了具有封闭安装法的优点外,它不需要大型起重机作安装设备,节省安装机械费用;由于设置了梁,加固了厂房结构,为投产后的设备维修与更新改造提供了拆卸和安装条件。其主要缺点是工艺复杂,挂吊滑轮组和设置卷扬机费工费时,且劳动强度大。梁工法的推广要依赖于厂房的设计,目前国内设计的厂房一般较少考虑设置梁及其吊点,要采用梁工法吊装起重机,就必须对厂房设计施工单位事先提出具体要求,以便预先设置。

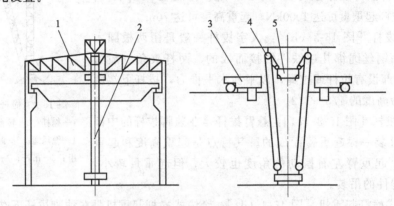

图15-4　梁工法吊装简图
1—房梁;2—桅杆;3—起重机分片梁;4—滑轮组;5—小车

3. 流动式起重机吊装

采用一台或几台流动式起重机,完成起重机支腿、小车、操纵室(司机室)等附属设施吊装作业,这种方案具有安全可靠、现场布置较简单、劳动强度小、安装周期短、费用低的特点。如图15-5所示,先将门式起重机的主梁水平支承在钢墩上,流动式起重机将主梁一端吊起来,垫上预先准备好的支承架;随后流动式起重机再吊桥架的另一端,竖起刚性支腿;流动起重机再开到柔性支腿一端,吊起桥架的这一端,穿上连接螺栓,全面调整固紧螺栓,使桥架和两支腿连接成一个整体;最后再吊装小车、司机室、电气设备等。

利用流动式起重机进行吊装时,厂房的墙面或门要预留空间,以便于流动式起重机顺利进出厂房。流动式起重机臂架的长度要能满足起重机主梁及小车部件的安装高度,必要时可以将厂房顶面揭开一部

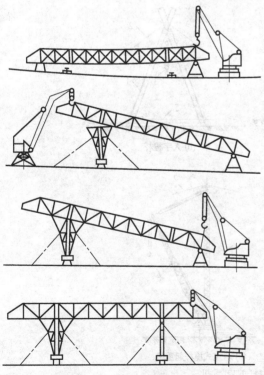

图15-5　流动式起重机吊装简图

分，让臂架伸出房顶以满足吊装要求。起重机的桥架装车和运进安装现场的方向要一致，卸车方位与起重机安装方位要一致。因为流动式起重机在厂房内移动范围有限或常常不能转动，为避免桥架的第二次倒运，首先要考虑到桥架装运方向与卸放方位，以保证流动式起重机能顺利卸车与吊装。

4. 桥式起重机吊装

桥式起重机吊装是利用安装现场已有的桥式起重机进行新起重机的吊装，这种安装法具有简便、安装周期短、安全可靠、力学计算简单的特点。

按土建竣工程度分类：按土建竣工程度可以将厂房内桥式起重机的安装方法分为封闭安装法和敞开安装法两种。厂房房顶全部覆盖完工后安装桥式起重机的方法称为封闭安装法；厂房绝大部分房顶覆盖，只留出一小块不封闭而用作吊装桥式起重机的方法称为敞开法。

按被安装起重机的结构分类：根据起重机的桥架和小车结构特点，结合桥架的自重和吊装设备的吨位，可以分为整体安装和分部安装。

第三节　起重机轨道的安装

起重机轨道的安装对起重机运行状况有直接影响。起重机运行中的常见故障是大车啃轨，即大车轮缘与轨侧面产生严重摩擦，致使轮缘很快磨损和变形。大车啃轨的原因有很多，而轨道铺设质量是直接影响大车啃轨的重要因素之一。

一、起重机吊车梁检查及放线

吊车梁是专门用于装载厂房内部吊车（起重机）的梁。吊车梁质量的好坏，是保证轨道安装质量的基础，一般轨道的安装基准线就是吊车梁的基准线。在轨道安装前，必须对吊车梁进行仔细检查，同时边检查即可边放出吊车梁的基准线。这个工作可用经纬仪进行测量：每隔 2～3m 测一个点，并于每根柱子处各测一点，以此放出吊车梁的基准中心线和轨道找正基准线。两线相隔间距视所使用的轨道规格而定，如图 15-6（a）所示。另外，再用水准仪测量吊车梁的水平度，在每根柱子处各测一点，见图 15-6（b）。

吊车梁的质量应符合 GB 50204—2015《混凝土结构工程施工质量验收规范》的规定，这里提出几项要求供检查中参考。

① 检查吊车梁时，必须保证沿梁横向及纵向的预留螺栓孔位置偏差均小于或等于 5mm；预留孔对两中心线的位移允差为 5mm；螺栓孔直径应比螺栓直径大 2～7mm。

② 两吊车梁上平面相对标高的偏差在柱子处不得大于 10mm，在其他处不得大于 15mm；吊车梁的顶面标高，对设计标高的偏差为 $\pm^{10}_{5}$ mm。

③ 梁中心线位置对设计定位轴线的偏差不得大于 5mm，每根吊车梁基准中心线与柱子边尺寸必须符合下列规定：

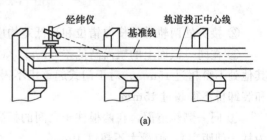

(a)

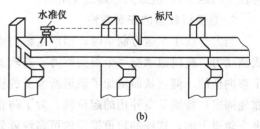

(b)

图 15-6　吊车梁检查、放线示意图

起重量 $Q \leqslant 50t$ 时，该尺寸为 $b+60mm$。

起重量为 Q 为 $50 \sim 100t$ 时，该尺寸为 $b+100mm$。

其中 b 为轨道中心至起重机外端的距离。

④ 吊车梁在螺栓处 400mm 宽范围内的顶面水平度 $\leqslant 2mm$；梁任意 6m 长度中各螺栓处的顶面标高差 $\leqslant \pm 3mm$；梁沿车间全长各螺栓处顶面标高差 $\leqslant \pm 5mm$；并检查预留孔是否有歪斜、堵塞情况。

⑤ 混凝土吊车梁与轨道之间的混凝土灌浆层（或找平层）应符合设计规定，浇灌前吊车梁顶面应冲洗干净。

在吊车梁检查放线工作完成后，应根据吊车梁检查的实际情况，提出加工件特别是螺纹的长度，更要认真核实，以免影响安装质量和工程进度。

二、起重机轨道的安装

1. 轨道安装的技术要求

① 轨道接头可以做成直面或 45°斜面，如图 15-7 所示。斜接头可使大车轮在接头处平稳过渡。正常接头的缝隙为 $1 \sim 2mm$，在寒冷地区冬季施工或安装前的气温低于常年使用气温 20℃以上时，应考虑设置温度缝隙，在单根钢轨长 10m 左右时可取 $4 \sim 6mm$（包括正常缝隙）。

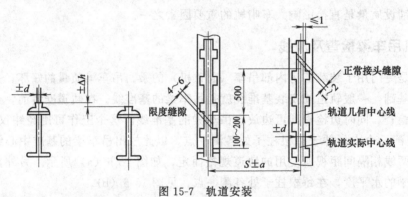

图 15-7 轨道安装

② 接头处两轨道的横向错位和高低差均应 $\leqslant 1mm$。

③ 在同一截面上的轨面高低差（Δh）：对于桥架式起重机，在柱子处不超过 10mm，在其他处不得超过 15mm；对于门式起重机不得超过 10mm；对于跨度大于 40m 的门式起重机和装卸桥不得超过 15mm。

④ 同一侧轨道面，在两根柱子之间的标高与相邻柱子间的标高差不得超过 $B/1\,500$（B 为柱子间距离），但最大不超过 10mm。

2. 起重机轨道的安装方法

当大车或小车运行制动时，则产生纵向或横向力。若大、小车同时制动，便产生一个合成制动力，使轨道承受一个斜向推力。若轨道安装成一边普遍高于另一边，则起重机就会整个移向低的一侧，从而增加了轨道所承受的横向力。因此，应采取有效措施，将轨道加以可靠地固定。特别是室外用的起重机，为了防止被风刮跑和倾翻，在非工作状态时，夹轨器是夹在轨道上的，这样的轨道铺设的可靠性就显得更为重要。

轨道的安装除了可靠性外，还必须考虑便于更换。特别是连续生产的场所，更不能忽视这一点。因此，建议不采用铆接或焊接等永久性连接方式。用来安装轨道的吊车梁，目前常用的有两种，一种是钢结构梁，另一种是混凝土预制梁。混凝土预制梁必须留有预埋口，以备安装时放地脚螺栓。轨道的安装方法有以下几种：

（1）压板固定法（图 15-8）

轨道压板在设计时，要具有足够的刚性，每块压板根据受力的大小可以制成单孔的或双孔的。压板上的孔须做成长孔，可进行水平方向的调整，垂直方向的调整可在钢轨下加垫板。这种方法比较简单、可靠。

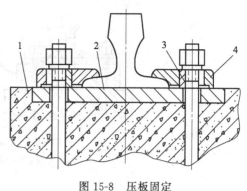

图 15-8　压板固定

1—混凝土梁或基座；2—垫板；3—垫片；4—压板

（2）钩形螺杆固定法（图 15-9）

该方法是在钢轨腰部钻孔后用钩形螺杆进行连接。

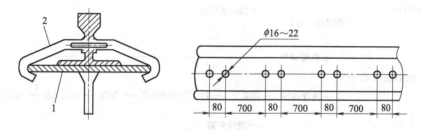

(a) 钩形螺杆固定之一

1—翼缘板；2—钩形螺杆

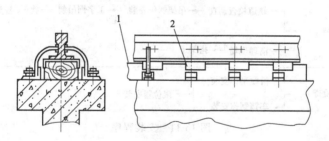

(b) 钩形螺杆固定之二

1—枕木；2—"Ⅱ"形垫板

图 15-9　钩形螺杆固定

（3）焊接和螺栓联用固定法（图 15-10）

先在地面上将具有长孔的垫板焊接在钢轨或方钢的底部，然后再吊装到吊车梁的地脚螺栓上固定。这种连接形式，要求地脚螺栓的安装和垫板的焊接精确，否则会造成安装困难。

对于重轨轨道、轻轨与方钢轨道、工字钢轨道等不同轨道，它们的具体安装方法稍有不同，安装程序归纳如图 15-11 所示。

对于新铺设的轨道，应把最后检查的结果详细而又准确地记录在由使用单位准备的设备档案卡中，作为复查和校正的依据。经过一定的使用时间后，要复查基础是否下沉、连接部位是否松动、轨道是否有位移，如发现有问题要及时进行修理。不可以将已经使用且被磨损的旧钢轨作为起重机轨道，更不准使用不同规格的钢轨铺设同一台起重机的轨道，否则会造

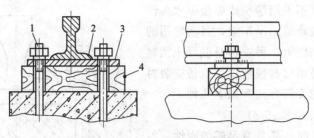

图 15-10 焊接和螺栓联用固定
1—垫片；2—焊缝；3—垫板；4—枕木

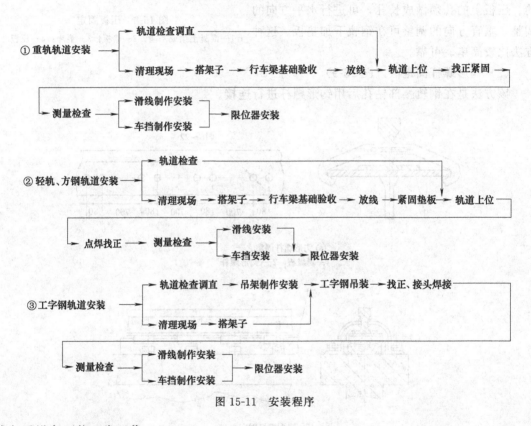

图 15-11 安装程序

成起重设备不能正常工作。

第四节 桥式起重机的安装

桥式起重机的安装主要包括桥架的组装和大小车架的吊装两大部分。需要说明的是，小车架的组装一般在制造厂就整机组装好，发送到使用地后稍经调整即可。

一、大车架的组装和要求

1. 大车架的组装

起重机运抵现场，进行开箱清点后，就要对起重机进行安装。首先进行桥架的组装。对于大吨位的起重机（10t 以上）一般不在地面进行组装，而是在地面分别组装成大部件吊装就位后，在起重机已经安装好的轨道上进行组装，具体步骤是：

① 先将双梁起重机的两侧单梁在地面上分别组装好，将大车运行机构安装牢固。

② 利用汽车起重机或履带式起重机将一侧单梁吊到起重机已经安装好的导轨上，利用硬木块和水平尺将其找正垫平。

③ 将一侧单梁吊起，慢慢地放在轨道上，然后使起重设备缓慢运行，向另一单梁靠近，以端梁螺栓孔或止口板为定位基准，按起重机安装连接部位的标号图，将起重机组装起来并拧紧螺栓。

2. 大车架组装完工后的各项指标

不论是在制造厂内还是在施工现场组装的桥架，在组装完成之后、进行吊装前都应按以下标准进行检测，详见表 15-2～表 15-5。

表 15-2　电动单梁起重机的复查

名称及代号		允许偏差/mm	简　图
起重机跨度 S	$S \leqslant 10m$	± 2	
	$S > 10m$	$\pm[2+0.1(S-10)]$	
主梁上拱度 F		$+0.3F$	
对角线 L_1、L_2 的相对差 $\|L_1-L_2\|$	$w < 3m$	5	
	$w \geqslant 3m$	6	
主梁旁弯度 f		$\dfrac{S}{2000}$	

表 15-3　电动葫芦双梁起重机的复查

名称及代号		允许偏差/mm	简　图
起重机跨度 S		± 5	
起重机跨度 S_1、S_2 的相对差 $\|S_1-S_2\|$		5	
主梁上拱度 F		$+0.4F$ $-0.1F$	
对角线 L_1、L_2 的相对差 $\|L_1-L_2\|$		5	
大车车轮水平偏斜 $\tan\phi$		0.001	
小车轨距 K	跨端	± 2	
	跨中 $S \leqslant 19.5m$	$+5$ $+1$	
	跨中 $S > 19.5m$	$+7$ $+1$	

名称及代号		允许偏差/mm	简 图
主梁旁弯度 f	$S \leqslant 19.5\text{m}$	$\dfrac{S}{2000}$ 且<5	
	$S > 19.5\text{m}$	$\dfrac{S}{2000}$ 且<8	
同一横截面上小车轨道高低差 c	$K \leqslant 2.5\text{m}$	3	
	$K > 2.5\text{m}$	5	

表 15-4　通用桥式起重机组装桥架的检查

名称及代号			允许偏差/mm	简 图
主梁上拱度 F			$+0.4F$ $-0.1F$	
对角线 L_1、L_2 的相对差 $|L_1-L_2|$	正轨箱形梁		5	
	偏轨箱形梁单腹板和桁架梁		10	
小车轨距 K	正轨箱形梁	跨端	± 2	
		跨中 $S \leqslant 19.5\text{m}$	$+5$ $+1$	
		跨中 $S > 19.5\text{m}$	$+7$ $+1$	
	偏轨箱形梁、单腹板梁、半偏轨箱形梁、桁架梁		± 3	
同一截面上小车轨道高低差 c	$K \leqslant 2.0\text{m}$		3	
	$2\text{m} < K \leqslant 6.6\text{m}$		$0.0015K$	
	$K > 6.6\text{m}$		10	
主梁旁弯度 f	正轨箱形梁		$\dfrac{S_z}{2000}$	
	偏轨箱形梁、单腹板梁和桁架梁	$S \leqslant 19.5\text{m}$	5	
		$S > 19.5\text{m}$	8	

表 15-5　大车运行机构的检查

名称及代号	允许偏差/mm	简 图
起重机跨度 S $S \leqslant 10\text{m}$	± 2	
$S > 10\text{m}$	$\pm[2+0.1(S-10)]$	

名称及代号		允许偏差/mm	简 图
起重机跨度 S_1、S_2 的相对差 $|S_1-S_2|$		5	
大车车轮的水平偏斜 $\tan\phi$	机构类别 M_1	$\leqslant 0.0010$	
	$M_2 \sim M_4$	$\leqslant 0.0008$	
	$M_5 \sim M_8$	$\leqslant 0.0006$	
同一端梁下大车车轮同位差		2	

二、通用桥式起重机的吊装过程

起重机的吊装方法众多，应根据多个具体条件来确定，如桥式起重机机型规格（超重能力）、现场的超重设备能力、桥式起重机的到货状态、厂房的建筑进度、房梁结构承载力以及吊孔吊耳板的设计等。在选择吊装方案时，既要考虑到安全施工，也要考虑安装费用的经济合理。本节以直立桅杆整体吊装桥式起重机为例，介绍桥式起重机的吊装过程。

先把桥式起重机的桥架、小车、操纵室运至安装位置地面进行组装，让桅杆置于两主梁之间，在桅杆顶部拴挂滑轮组，用卷扬机牵引，一次整体吊装，如图15-12所示。

1. 吊装前的准备

（1）检查二次运输要经过的道路

对不符合运输要求的地方，应预先做好铺设或修复工作，确保桥式起重机能顺利地运抵现场。

（2）确定桅杆起重机的安装位置

由于桥式起重机的桥架和小车是在地面组装好后再整体吊装的，组装后的起重机其质心不在几何中心，因此桅杆起重机不能安装在厂房跨距中心线上，而应偏移厂房跨距中心线一段距离。该距离按未安装操纵室的情况，由下列公式算出（图15-13）：

$$L_1 = G_2 L_2 / G_1$$

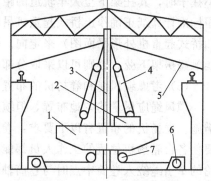

图 15-12 直立桅杆整体起吊桥式起重机示意图

1—起重机桥架；2—小车；3—桅杆；4—滑轮组；5—缆风绳；6—卷扬机；7—导向滑轮

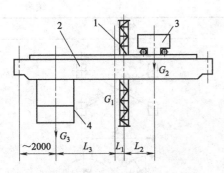

图 15-13　桅杆安装中心距计算示意图
1—桅杆；2—桥式起重机主梁；
3—小车；4—司机室

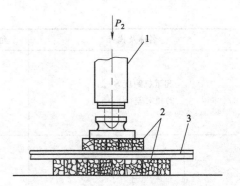

图 15-14　桅杆底部基础示意图
1—桅杆；2—枕木；3—钢轨

式中　L_1——桅杆中心线至厂房跨距中心线（亦即桥架中心）之间的距离；

　　　G_1——桥架重量；

　　　L_2——桅杆中心线至小车质心（近似的取小车架中心）之间的距离，起重量为 75t 以
　　　　　　上的桥式起重机取小车的轨距；

　　　G_2——小车的重量。

桅杆起重机的安装将直接影响桥式起重机的安装工程，因此，必须将地面夯实、平整、铺设两层以上枕木，必要时，可在两层枕木之间加入钢轨，见图 15-14。

（3）确定桅杆的高度

桅杆的最大高度为地平面厂房顶板的高度减去桅杆顶部至厂房面板之间的操作空间和桅杆底部的枕木高度所得到的值。

（4）考虑起吊桥式起重机在轨道上空的转向与就位

额定起重量在 50t 以下的桥式起重机在 6m 柱距的厂房内一般都能转过来，如果厂房两边都有封墙，可借助于窗户转向，无窗户时转向就会有困难。额定起重量为 75～200t 的标准桥式起重机，在 12m 柱距的厂房内，两边都有钢结构托架和小柱子或者混凝土托架梁和小柱子时，其托架下至大车轨道的距离必须超出桥式起重机端梁高度的 300mm 以上，且应用标准计算纸正确作出桥式起重机吊装的转向的缩小比例图（作出大车轨道顶面位置平面图和桥式起重机外形平面图）来定向。一般是桅杆靠小柱房架方向，其顶部滑轮组转向时，不能触碰房架下弦，否则可以采取分部吊装。

（5）考虑缆风绳和卷扬机的布置

缆风绳应尽量均匀地布置，但缆风绳不得通过高压输电线路，必要时应采取有效的安全措施。卷扬机的布置有以下要求：卷扬机的设置地点距桅杆中心的距离要大于桅杆的长度；要使各台卷扬机位置的工作人员都能明显地看到指挥手势信号；尽可能使卷扬机的迎头导向轮的牵引绳绕入卷筒中点时与卷筒轴线相垂直，其距离一般为卷筒长度的 20 倍以上。

2. 安装小车

利用汽车起重机、轮胎起重机或履带起重机吊装桥式起重机小车时，要选用合适的流动起重机，应能满足吊装小车时的高度要求，在小车转向就位时不碰撞流动起重机的臂架，使小车能够顺利地吊装到小车轨道上就位，同时又能满足起吊负荷量的要求，即不超负荷作业。

3. 桥式起重机的试吊装

① 先按未装操纵室的情况计算小车的位置 L_2（图 15-13），即：

$$L_2 = G_1 L_1 / G_2$$

根据上式计算出来的数据，将小车在其轨道上定位后，用棕绳或细钢丝绳绑扎固定。

② 试吊注意事项：所选用的滑轮组和卷扬机必须灵敏可靠；吊起桥式起重机悬空 300～500mm，停留 8～10min，检查所有机索具及操纵设备无误后，再做摆动桥式起重机的试验；全面检查卷扬机、桅杆、缆风绳、滑轮组等的可靠性；检查缆风绳地锚设施，不得有任何松脱的迹象。

4. 安装操纵室

将桥式起重机桥架吊离地面约 2.5m 高度，在主梁（或端梁）的下方布置好预先制作和准备的支承架和枕木，使桥式起重机搁在支承架及枕木上，然后将操纵室安装在主梁下方其安装位置。安装完毕后，重新调整小车的位置。小车的位置由 L_2 确定（图 15-13），可按下式进行计算：

$$L_2 = [G_1 L_1 + G_3 (L_3 + L_1)] / G_2$$

式中　G_3——操纵室自重；

　　　L_3——操纵室中心线至桥式起重机重心（一般可按桥式起重机跨度的 1/2 减去 2m）的距离。

然后利用桅杆起重机将桥式起重机提升，至离开支承架一段距离（100～200mm）处，仔细调整小车的位置，确认达到平衡后，再次固定小车在主梁上的位置，并检查其他的起吊设施，确认安全可靠后，方可进行桥式起重机的正式起吊工作。

5. 桥式起重机的正式起吊与落位

所有参加桥式起重机安装工作的人员，都必须严守工作岗位，听从指挥，步调一致，确保桥式起重机安全吊装。当起重机升到超过大车轨道后，根据桥架的转向方向，用力拉住事先拴在桥式起重机两端的稳定白棕绳，将桥架（桥式起重机整体）转过适当角度，对准大车轨道后，桅杆起重机将桥式起重机下落就位，完成吊装工作。

6. 桅杆起重机的拆除

桅杆起重机的拆除可以利用已经就位的桥式起重机来完成。

① 利用桥式起重机的小车拆除桅杆。先采用手动操作方式将小车移到靠近桅杆处，将吊索固定在小车卷筒轴承座上，拴挂滑轮组，拆除桅杆起重机。

② 利用桥式起重机主梁拆除桅杆。在桥式起重机主梁上加设横梁，在横梁上拴挂滑轮组，拆除桅杆起重机。拆除过程中应该注意：利用小车或反搭设横梁拆除起重机时必须将大、小车车轮用木楔楔住，防止因受力出现小车或起重机自行移动的现象；吊点应设在桅杆起重机的质心以上，如果不可能在质心以上拴挂滑轮组，则应在底部加配重，防止桅杆在拆除过程中发生翻倒事故，在桅杆底部应设稳定和溜放白棕绳。

③ 先放松一些缆风绳，吊起桅杆，观察动态，如未发现问题，便可以解除拴在柱脚上的缆风绳扣，待桅杆的顶部放至与主梁平齐时，再拆除缆风绳，慢慢地放于地面上，最后拆除桅杆。

第五节　门式起重机的安装

门式起重机的安装质量将直接影响到起重机的使用性能及使用寿命。门式起重机的结构比桥式起重机复杂，连接点较多，因此，它的安装相对要复杂，工序要多。

门式起重机的安装程序是：先将支腿、下横梁、桥架（双主梁分为主梁和端梁）等结构件在地面组装好，然后依次将起重机械与下横梁、支腿（或者双主梁结构的门架）与桥架吊装合拢，并用连接螺栓连接成整体。对于长度大于 35m 的主梁，需要先在地面用螺栓连接好，再将接头处的法兰板在组装时焊牢，这样便于桥架与支腿的装配达到安装的技术要求。

一、门式起重机的组装标准

安装双主梁门式起重机和装卸桥的门架时应按设备技术文件和出厂装配标记进行，组装后偏差应符合表 15-6 所示的要求。单主梁门式起重机和装卸桥的门架允许偏差应符合表 15-7 所示的规定。组装双主梁通用门式超重机和装卸桥的小车运行机构，应符合设备技术文件的规定。组装单主梁通用门式起重机和装卸机和装卸桥的小车运行机构，其偏差应符合表 15-8 所示的要求。

表 15-6　双梁通用门式起重机和装卸桥组装允许偏差

名称及代号		允许偏差/mm	简　图
起重机跨度 S	$S \leqslant 26m$	± 8	
	$S > 26m$	± 10	
起重机跨度 S_1、S_2 的相对差 $\lvert S_1 - S_2 \rvert$	$S \leqslant 26m$	8	
	$S > 26m$	10	
主梁上拱度 F		$\begin{array}{c}+0.4F\\-0.1F\end{array}$	
悬臂端上翘度 F_0		$\begin{array}{c}+0.4F_0\\-0.1F_0\end{array}$	
对角线 L_1、L_2 的相对差 $\lvert L_1 - L_2 \rvert$	$S \leqslant 26m$	5	
	$S > 26m$	10	
主梁旁弯度 f	正轨箱形梁	$\dfrac{S_z}{2000}$ 且 $\leqslant 20$	
	偏轨箱形梁、桁架梁、单腹板梁	$\dfrac{S_z}{2000}$ 且 $\leqslant 15$	
同一横截面上小车轨道高低差 c		3	
小车轨距 K	正轨箱形梁 端部	± 2	
	正轨箱形梁 跨中	$\begin{array}{c}+7\\+1\end{array}$	
	偏轨箱形梁、桁架梁	± 3	

表 15-7　单主梁门式起重机和装卸桥组装允许偏差

名称及代号		允许偏差/mm	简图
起重机跨度 S	$S \leqslant 26\text{m}$	± 8	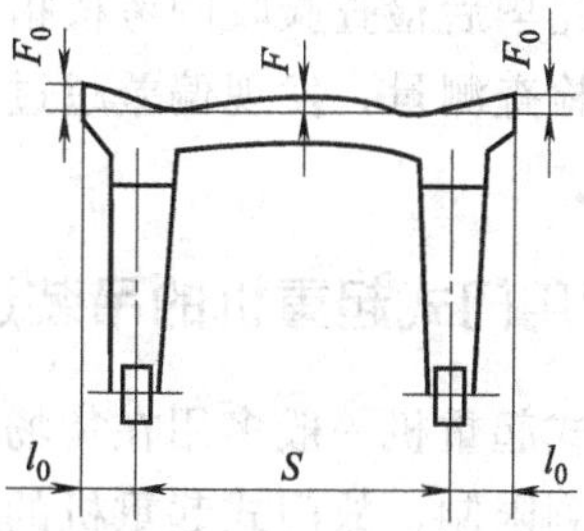
	$S > 26\text{m}$	± 10	
起重机跨度 S_1、S_2 的相对差 $\lvert S_1 - S_2 \rvert$	$S \leqslant 26\text{m}$	8	
	$S > 26\text{m}$	10	
主梁上拱度 F		$+0.4F$ $-0.1F$	
悬臂端上翘度 F_0		$+0.4F_0$ $-0.1F_0$	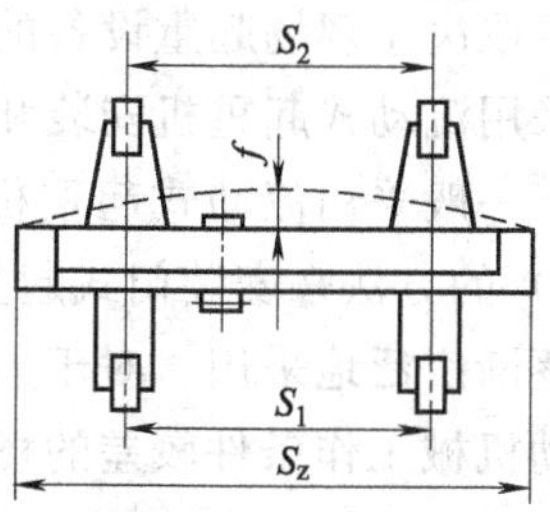
主梁旁弯度 f		$\dfrac{S_z}{2000}$ 且 $\leqslant 15$	

表 15-8　单主梁通用门式起重机和装卸桥小车运行机构允许偏差

名称及代号			允许偏差/mm	简图
主车轮与反滚轮的中心距离	垂直反滚轮式小车	水平距离 K	± 3	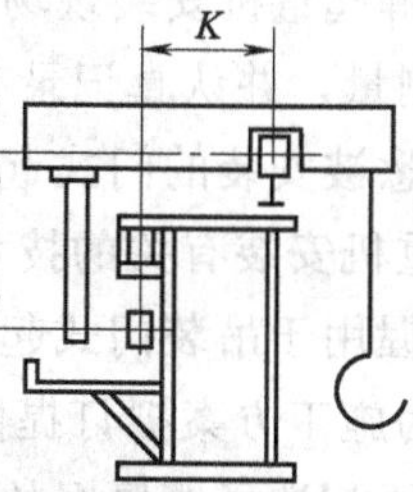
		垂直轨距 K_1	-3	
	水平反滚轮式小车	吊钩侧 K_2	-3	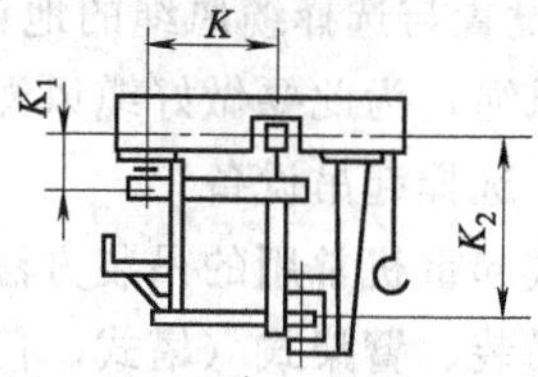
		走台侧 K_1	$+3$	
水平导向轮轴线对主车轮中心距离 L_1、L_2 的对称度			1	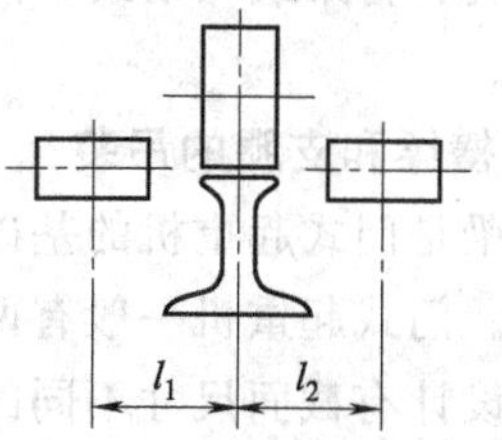

对于轨道的技术条件，除按照桥式起重机的轨道要求外，还须补充以下内容：

① 通用门式起重机和装卸桥同一支腿下两根轨道的轨距允许偏差为 $\pm 2\text{mm}$，其相对高差不大于 1mm。

② 轨道顶面对其设计位置的纵向倾斜度不大于 3/1000,应每隔 2m 测一点,全行程内的高差不大于 10mm。

以下表中所列出的检查项目及技术要求,既是起重机安装过程中的质量控制的依据,也是安装完毕后检查验收的考核指标。因此,要求对安装过程中的每一个环节都及时进行有关项目的检查测量,发现偏差超过规定范围时应及时调整至合格,控制安装工序中的质量,避免返工。

二、通用门式起重机的吊装过程

门式起重机一般多用在货场、港口码头堆场及车站转运站的露天工作,安装时不会因空间而受到限制,故门式起重机的安装方法很多。对于某一具体的机型,究竟采用何种方法安装,主要取决于现场起重设备的条件。门式起重机的安装方法有如下几种:采用桅杆起重机安装、采用流动式起重机安装和采用臂架式起重机安装三种方案。对于起重量不大的中小型起重机,一般采用流动式起重机安装较为方便,有时还采用双机或多机联合抬吊大型构件(如主梁)的方法来安装门式起重机。随着流动式起重机及起升高度的不断增大,这种安装方法被逐渐广泛地采用。对于大型的门式起重机,一般采用桅杆起重机安装,尤其在施工工区、流动机械工作条件较差的场合使用最广。本节以通用吊钩门式起重机为例,介绍分部吊装的过程。

1. 安装前的准备

(1)确定吊装方案

在拟定和审批门式起重机的吊装方案时要全面考虑以下几个问题:

① 了解起重机安装现场情况。对结构件的运输、道路条件、建筑物影响等进行实行实地观察与测量,并认真记录有关的数据。

② 熟悉被安装的门式起重机的有关技术资料。查找或阅读有关图纸、说明书等资料,掌握与起重机安装有关的技术数据。

③ 掌握用于吊装门式起重机结构件、机件的起重机械的主要性能参数,分析其实际起重能力,为施工方案拟订提供依据。

④ 设置与选择缆风绳的地锚和锚定物。如果采用桅杆起重机作吊装设备,则需要采用很多缆风绳,为此要做好缆风绳受力和锚固装置的核算。

(2)选择起吊设备

门式起重机常用的吊装方法有流动式起重机吊装、桅杆起重机吊装、桅杆与流动式起重机联合吊装、臂架式(塔式、门座式)起重机吊装等。在选用起吊设备时,应注意充分满足起吊参数。

2. 下横梁和支腿的吊装

下横梁是门式起重机的基础结构件。支腿是连接主梁和下横梁用来确定门式起重机高度的结构件。门式起重机一般有两套相互对称的下横梁和支腿(对于跨度在 30m 以上的门式起重机,设计有截面尺寸不同的刚性支腿和柔性支腿各一套)。

(1)下横梁的吊装

利用流动式起重机,将已组装好的下横梁按轨道上的划线位置吊置在轨道上,并用枕木等临时固稳与支撑。重新找正两根下横梁的安装基准线,调整跨度和对角线至标准允许的误差范围之内,还要注意控制车轮踏面中心与轨道中心线的偏差。

（2）支腿的安装

L形门式起重机的支腿工作状态是倾斜的。其吊装状态也是倾斜的，与垂直吊装相比，其拴钩和精度对位难度较大。一般可选用旋转法和滑移法来吊装。

3. 主梁的吊装

L形门式起重机主梁是起重机的主要金属结构，并且属于大型构件，单件吊装起重量大。因单主梁一般为偏轨箱形结构，整体刚度和扭转刚度都较好，故可采用多种吊装方案而不受力学条件的制约，可以采用主梁轴线在垂直于轨道轴线的工作位置上起吊，也可以采用主梁在与轨道倾斜一定角度的情况下起吊。

下面以L形门吊的金属结构组装为例介绍组装过程与主梁起吊方法。

（1）吊装方法

采用桅杆进行吊装，主梁与轨道轴线垂直。L形门吊主梁、支腿、下横梁组装后的金属结构见图15-15。其中，点A、B位于支腿与下横梁的下连接板中心，点C、D位于支腿与主梁的上连接板中心。

（2）主梁吊装前的摆放

主梁吊装前，已经将支腿安装在下横梁上，主梁摆放在下横梁的主动侧端，且与下横梁之间留出安全距离500mm。主梁垂直于轨道摆放，如图15-16所示。

（3）主梁重心的确定

对完全对称结构其重心为几何中心；对非对称结构需要对各部分进行计算，计算其重心位置（该方法同计算形心）。重心计算需要计算两个方向：一是主梁长度方向；二是主梁垂直方向。主梁重心还可以通过实验取得，在主梁摆放到初始位置或卸车时，采用小型的流动式起重机吊卸时，对其重心进行测定。

（4）桅杆站立位置确定（图15-17）

桅杆安装在主梁靠近从动车轮的一侧。根据下连接板中心到主梁右外侧的距离、桅杆与主梁500mm的安全距离和桅杆杆身的宽度，若O点为桅杆站立中心位置，则AO为桅杆的位置尺寸，即找出主梁最终位置。

（5）吊装

① 检查。对所有使用的机具的布置、连接、捆扎等进行全面检查，确认无误后方能进行主梁的吊装。

② 主梁提升。开动桅杆起重机的卷扬机，将主梁提升离地面100～300mm，卷扬机制动，此时检查卷扬机制动性能及桅杆各部分结构，确认无误后慢速将主梁提升到超过支腿上口50～100mm高度，将主梁下落到与支腿在连接法兰处对位。

③ 缓慢下降主梁，使之靠近支腿上口，在法兰的螺栓孔中穿入锥形导向销，使主梁相对于支腿的法兰螺孔对线定位。适度调整后，将主梁下落并支撑于支腿上。

④ 主梁起吊时，同时采用一台卷扬机进行曳引，避免主梁起吊过程中和支腿干涉。主梁起吊见图15-18。

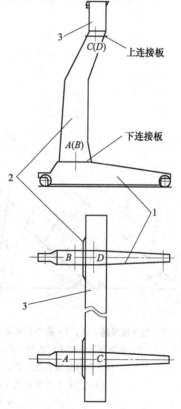

图 15-15 L形门吊金属结构简图
1—下横梁；2—支腿；3—主梁

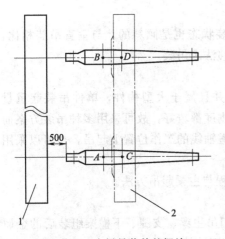

图 15-16　主梁吊装前的摆放
1—主梁初始位置；2—主梁最终位置

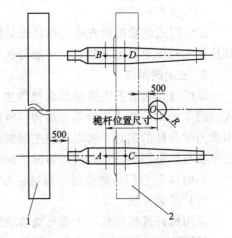

图 15-17　桅杆站立位置示意图
1—主梁初始位置；2—主梁最终位置

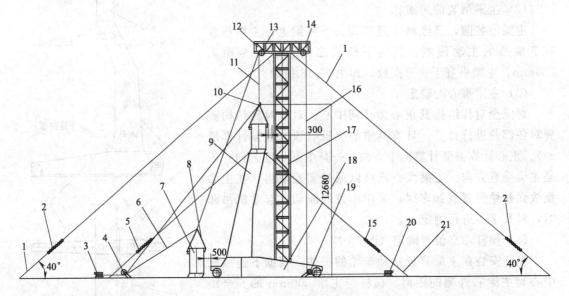

图 15-18　主梁起吊示意图

1—桅杆揽风绳 4 条；2—桅杆揽风绳调整松紧的手拉葫芦 4 台；3—曳引卷扬机 1 台；4—曳引绳改向滑轮 1 组；
5—支腿揽风绳用手拉葫芦 8 台；6—曳引绳 1 根；7—主梁初始位置；8—主梁起升绳 2 根；9—支腿；
10—起升动滑轮组 1 套；11—起升绳 1 根；12—桅杆头部 1 套；13—起升定滑轮组 1 套；
14—起升上改向滑轮 1 套；15—支腿揽风绳 8 条；16—起升绳 1 根；17—桅杆 1 套；
18—下横梁；19—起升绳下改向滑轮组 1 套；
20—起升卷扬机 1 台；21—支腿揽风绳 8 条

⑤ 按规定顺序和力矩安装连接螺栓。

⑥ 拆去支腿稳固件（缆风绳或刚性支撑），用仪器检查测量整机安装精度，如有不合格项目，就需要进行适当调整，直至符合相应标准。

⑦ 拆去桅杆起重机及机具。

⑧ 支腿与主梁的连接。支腿与主梁安装后，要求按有关规定检查支腿的垂直度。如果超差，则可用垫片在主梁与支腿连接板处进行调整。

4. 小车的吊装

可以利用移动起重机吊装 L 形门式起重机的滚轮式小车。对于 L 形支腿、偏轨箱形门式起重机小车组件的吊装，起重机最好停在主梁（走台侧的对面），这样作业比较方便。这种情况下，质心靠近起重机，可以使其全通过。其具体吊装步骤如下：

（1）选定流动起重机的适当位置

按小车安装位置的要求，确定起重机适宜的工作位置。

（2）吊索及机具的拴挂

拆去机器房防雨罩，估算小车组件的质心位置，一般设计在卷筒轴附近，防止拴挂不当，导致载荷严重偏心。现代产品一般设有小车整体吊装的吊耳，利用吊索以及在可能偏重的一边连接手拉葫芦，保证在吊装过程中组件的平衡，以防偏载引起吊索上载荷分配不均。

（3）检查与调整

移动起重机起吊小车离开支撑物 100～200mm，调整手拉葫芦，使小车组件质心尽量位于吊索附近，小车架上平面基本处于水平状态。然后检查其机具及拴挂是否牢固，若安全可靠，则准备继续起吊。

（4）小车吊装

起吊小车至反滚轮可以从主梁上平面通过的高度后，开动移动起重机的回转机构，让小车在主梁上方，使反滚轮上平面稍低于反滚轮轨道面时，小车向主梁方面移动。

此时，再次调整手拉葫芦使小车反滚轮一侧稍微向下倾斜，以便于小车行走车轮与反滚轮同时进入各自的轨道。小车进入轨道的过程可通过移动起重机减小工作半径和吊钩下降等联合动作或分次动作来实现。这一过程中，要求司机慢速操纵和避免机构频繁地启、制动，以免引起载荷冲击小车体使其大幅度摆动。

5. 大车用电缆的安装

门式起重机和装卸桥，其大车导电除了采用滑线导电，还可以采用电缆卷筒导电，电缆进入电缆筒卷缆量为全行程的一半长。电缆在地面上的固定，应能使电缆左右倒向，这可用摇摆的固定弯夹来实现。

6. 大车安全装置的安装

门式起重机的安全装置，起重机上的由制造厂负责，地面设施由使用单位负责。

（1）终点挡架

门式起重机运行轨道的终点必须设置四套坚固的终点挡架。当大车限位开关失灵或整机被风吹跑又无法控制时，大车的缓冲器与挡架相碰，防止起重机出轨。挡架高度是根据门式起重机上缓冲器的安装高度而定的。挡架的强度计算按起重机的预定速度碰撞的条件来考虑。

（2）地锚坑

地锚坑设置在门式起重机大车运行轨道的两侧，可在行程中某一位置，也可在行程端点。地锚坑可按图样中的要求由使用单位在土建工程中作出。

（3）安全尺

门式起重机的大车安全尺在起重机大车运行到终点前，安全尺碰到主机上的限位开关使主机断电，靠惯性运行一段距离后停车。此时，以大车缓冲器与终点挡架接近而又没撞上为理想状态。

第六节　起重机的安装试验

起重机在进行安装以后，需要进行安装实验，以保证安装准确无误。

1. 空载试验

用手转动各机构的制动轮，使最后一根轴（如车轮轴或卷筒轴）旋转一周而不得有卡住现象。然后分别开动各机构的电动机，各机构应正常运转，各限位开关应能可靠动作，小车运行时，主动轮应在轨道全长上接触。

2. 静载试验

静载试验的目的是检验起重机各部件和金属结构的承载能力。起升额定负荷（可逐渐增至额定负荷），在桥架全长上往返运行，检查起重机性能应达到设计要求，卸去负荷，使小车停在桥架中间，测量基准点。一般各类起重机应逐渐起升 1.25 倍额定负荷；对有特殊要求的起重机，可逐渐升至 1.4 倍额定负荷。吊离地面 100～200mm，悬停不少于 10min，然后卸去负荷，检查桥架有无永久变形。将小车开至跨端检查实际上拱值应不小于 $0.7S/1000$。

在上述静负荷试验结束后，起重机各部分不得出现裂纹、连接松动或损坏等影响性能和安全的质量问题。

3. 动载试验

动负荷试验的目的主要是检查起重机各机构及其制动器的工作性能。起吊 1.1 倍额定负荷进行试验（如有要求，可按起重量确定试验负荷，特重级工作类型的起重机应起升 1.25 倍额定负荷作动载试验）。试验时，应同时开动启升机构，按工作类型规定的循环时间作重复的启动、运转、停车、正转和反转等动作，延续时间应满足规范要求。各种机构应动作灵敏、工作平衡可靠，各种限位开关、安全装置工作应准确可靠，各零部件应无裂纹、磨损等现象，各连接处不得松动。

思　考　题

1. 起重机的常用吊装方法有哪些？各有什么特点？
2. 桥式起重机安装的基本过程有哪些？
3. 门式起重机安装的基本过程有哪些？

参 考 文 献

[1] 张质文. 起重机设计手册 [M]. 北京：中国铁道出版社，2013.

[2] 纪宏. 起重与运输机械 [M]. 北京：冶金工业出版社，2012.

[3] 严大考. 起重机械 [M]. 郑州：郑州大学出版社，2003.

[4] 华玉洁. 起重机械与吊装 [M]. 北京：化学工业出版社，2005.

[5] 安林超，朱绘丽. 起重机金属结构设计基础 [M]. 北京：化学工业出版社，2016.

[6] 刘爱国. 起重机械安装与实用技术 [M]. 郑州：河南科学技术出版社，2003.

[7] 杨长骙. 起重机械 [M]. 北京：机械工业出版社，1982.

[8] 王福锦. 起重机械技术检验 [M]. 北京：机械工业出版社，2000.

[9] 陈道南. 起重运输机械 [M]. 北京：冶金工业出版社，1988.

[10] GB/T 3811—2008. 起重机设计规范 [S].

[11] GB 6067—2010. 起重机械安全规程 [S].

[12] GB 8918—2006. 重要用途钢丝绳 [S].

[13] YB/T 5055—2014. 起重机用钢轨 [S].

[14] GB 50204—2015. 混凝土结构工程施工质量验收规范 [S].

[15] GB 50231—2009. 机械设备安装工程施工及验收通用规范 [S].

[16] GB 50278—2010. 起重设备安装工程施工及验收规范 [S].

[17] GB/T 5905—2011. 起重机试验规范和程序 [S].